百科大探索
CHILDREN'S ENCYCLOPEDIA

绝境大冒险

ADVENTURES IN THE WILD

青岛出版社
QINGDAO PUBLISHING HOUSE

目录
CONTENTS

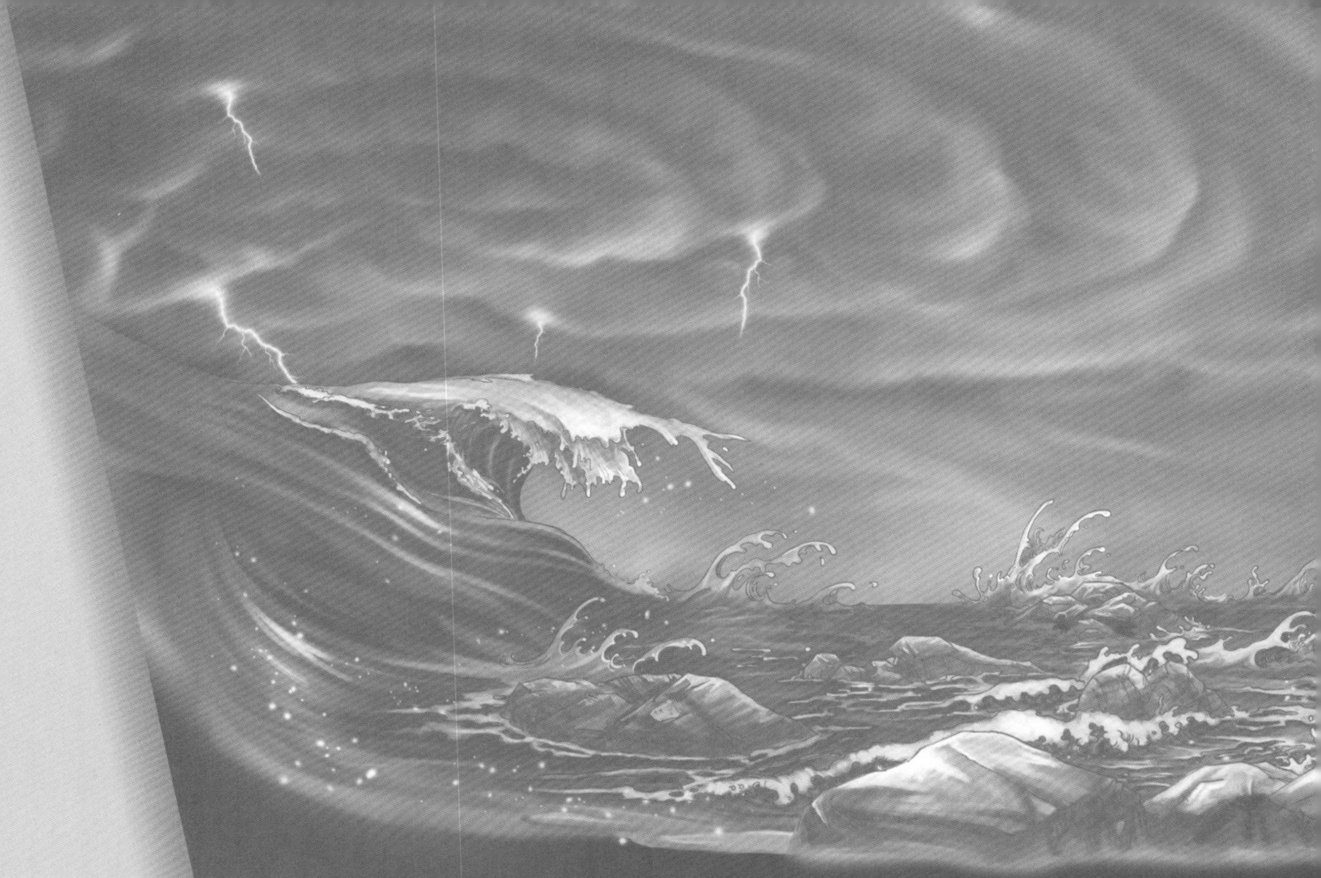

ADVENTURES IN THE WILD

仔细阅读本章，你就能回答出以下问题：

- 西伯利亚指的是哪里？
- 在极寒的西伯利亚会有蚊子吗？
- 为什么西伯利亚莽原的鱼不会冻死？
- 为什么天冷的时候人会汗毛直竖？

来啦，西伯利亚！

受到极光的诱惑，疯狂探险团来到了西伯利亚！但现实远没有理想那么美好，在气温低到足以令人致命的冰雪荒原，探险团的成员们面临前所未有的生存挑战：住冰洞、做雪橇、找食物、遭遇暴风雪、搭建紧急避难所……噢，西伯利亚，想说爱你不容易！

脚本/妃嫣

极寒大地

好棒啊！就要看到极光了！传说看到极光会幸福一辈子。
疯狂探险团
哦！极光！
现在的风景就很好看啊！“北国风光，千里冰封，万里雪飘……”
也就能看看了，西伯利亚冰原现在的温度是零下29摄氏度，出去的话，我的发型会被冻僵的。
飞艇坏了，快背上降落伞，我们要一起去零下29摄氏度的地方玩！
见风，你这张乌鸦嘴！
这次还好不是我！
我们在这里探险！
西伯利亚是北亚一片广阔的土地，面积大约为1276万平方千米，占亚洲总面积的四分之一。它是全世界最大的一片冰雪荒原。在这里，气温会急降到让人致命的零下68摄氏度。要在这里生存，简直就是挑战！
六月（38°C）
七月（-68°C）
感觉不到我的手指了！
耳朵要冻掉了！
你本来就没有手指头，你只有蹄子。
这可是难得的生存考验，我们先把大家身上仅存的东西集中在一起，看看有什么能利用的。
我这里有把小刀。
欧欧，在这样的严寒中，金属会立刻跟皮肤冻在一起。
别用蛮力，如果硬把它撕下来，肯定会将欧欧的驴皮连带着一起撕掉的！
幸好我随身带的保温杯里还有一点热水。
啊，已经粘住了！
我来帮你！
好烫！要了俺的驴命啦！

探险团成员们找出来的东西能满足哪些生存的需要呢？来玩一次连线游戏吧！
1. 塑料布 a.水
2. 绳子 b.火
3. 瓶罐 c.吃
4. 打火机 d.住
5. 鱼钩 e.住或吃
6. 短柄斧 f.住或装水
答案：1-f，2-e，3-a，4-b，5-c，6-d。
怎么天突然黑了？而且这么寒冷？
值日表
4个小时
8个小时
这个我知道！海拔每下降1000米，气温会上升6摄氏度。下面的气温应该能高一点。
为啥高山上的气温比地面低呢
我们感受到的温度变化并不是直接来源于太阳的热量，而是来源于大地上空的空气，大地吸收了太阳的热量，向周围的空气中散发，因此，空气是自下而上逐渐变暖的。所以，山越高，得到大气中的热量越少，自然温度就越低；另外，山越高，空气越稀薄，保存的热量也越少。
答对了！加十分！
现在是冬季，西伯利亚每天的日照时间只有4小时。我们在海拔916米的高度上，当务之急是要赶紧到达海拔较低的地方。
可是雪地好难走，我走不动了。
必须走，不准停下来！否则，你们立刻会被冻死！
柯北好凶啊！好可怕！
让她们休息一下，吃点东西补充体力吧，别对女孩子那么凶。
冬季，西伯利亚就是鸟不生蛋的死地，哪儿有食物？
我不生蛋
我身上有点巧克力，行吗？
好东西！在野外，这可价值连城了！
我不吃，我在减肥，巧克力是我的敌人。
增加点热量吧！巧克力是寒冷的敌人！
吃巧克力就能吃饱？
当然不行，可是巧克力会“说谎”，会巧妙地“欺骗”，让你兴奋不已。
啊
我的脚好像受伤了！
大家分头找找有什么东西能做雪橇，我们拉着小樱走。

附近有不少干木头，还有很多柳树枝。
报告帅哥！我找到了一个很帅气的洞。
我们可以开篝火晚会啦！
今晚，我们暂住在洞穴里吧！
在西伯利亚大莽原的野外，你也许会遇到它们，这取决于你的运气：
饿狼
这里不是演绎“饿狼传说”的地域，在这里，只要发现有一匹狼，那尾随其后的就是一群狼。
熊
如果你遇到它，它会立即回馈你一只爪子。这只爪子能把你一下子掀翻在地，然后把你当作甜品，吃掉！
驯鹿
如果你偶遇驯鹿，请与它保持距离。因为此刻的它性格暴躁，难以驯服。
狼獾
如果你长得足够高挑、强壮，也许它会放你一马。但如果你此刻受了伤，那一切都只好听天由命了。
这真是野外的五星级酒店！我们可以在这儿点一堆篝火，所有的热量都会从石壁上反射回来，这样就能保暖了。
我找到一只老死的鹿。
值得重视并严厉禁止的事情：带血的软黄金
很多人到西伯利亚探险的目的是为了获取动物的皮毛，在他们眼里，这些都是可以换来巨额回报的“软黄金”。人类觉得这些动物的皮毛制成的大衣既好看又能保暖。基于人类的自私，动物惨遭杀害。一颗子弹可以暂时填满人类的欲望，但毁掉的是动物的生命和地球的生态平衡。
请归还它们的皮毛。
虽然这是只自然死亡的鹿，但我还是有些于心不忍。
在这生死存亡的时刻，我们只能委屈它了。我们需要用它来制作雪橇。
做雪橇！怎么做？
现在是见证奇迹的时刻。我要给你们展示西伯利亚猎人制作平底雪橇的绝活了。见风，给我帮把手，我们要和时间赛跑，这对雪橇必须快速制作完成。
因为实在太冷了，寒冷使头脑麻木，体温下降，你的协调能力也会受到影响。你必须克服它的影响，保持警觉，不然你很容易被冻伤。
这样就不会冻伤了吧？我都出汗了。
恭喜你拿到死亡判决书了。
在这样的极限环境中，拼命干活可能会要了你的命。前一分钟你觉得冰冷，后一分钟又挥汗如雨，汗水会冻结在你的身上，你就会发现自己的麻烦大了。

一二发现的柳树枝富有弹性又很结实，适合作为雪橇的底座。
再加上一大张鹿皮就大功告成了。
干得好！可是鹿皮够结实吗？
没有关系，只要在外面放一夜，到了早上它就会冻得像石头一样硬邦邦的了。它绝对是世界上最坚固的雪橇，而且纯天然，无污染。
好了，一二你拿着这个鹿腿。
哇，整个都是给我吃的吗？
是啊，不能再有人受伤了，带着两个伤兵在西伯利亚冒险，即使对我这么帅的人来说，也是不可能完成的任务。
吃那么多肉，会长胖的。
这个是储备粮，应急的时候可以吃，不过，现在你可以把这个当成一根很好的手杖，可别再受伤了。
雪橇做好了，现在该填饱肚子了！
哇，这肉太香了！
"北国风光，千里冰封，万里雪飘……"
别忘了感谢赐予我们希望的大自然。
鹿肉里富含蛋白质，可以补充大家消耗的热量。我们要努力地保持身体的温度，这样才能打败恶劣的环境。
其实我们过得也不错，外面是美丽晴朗的夜空，我们点着一堆篝火，这感觉多浪漫！
啪！

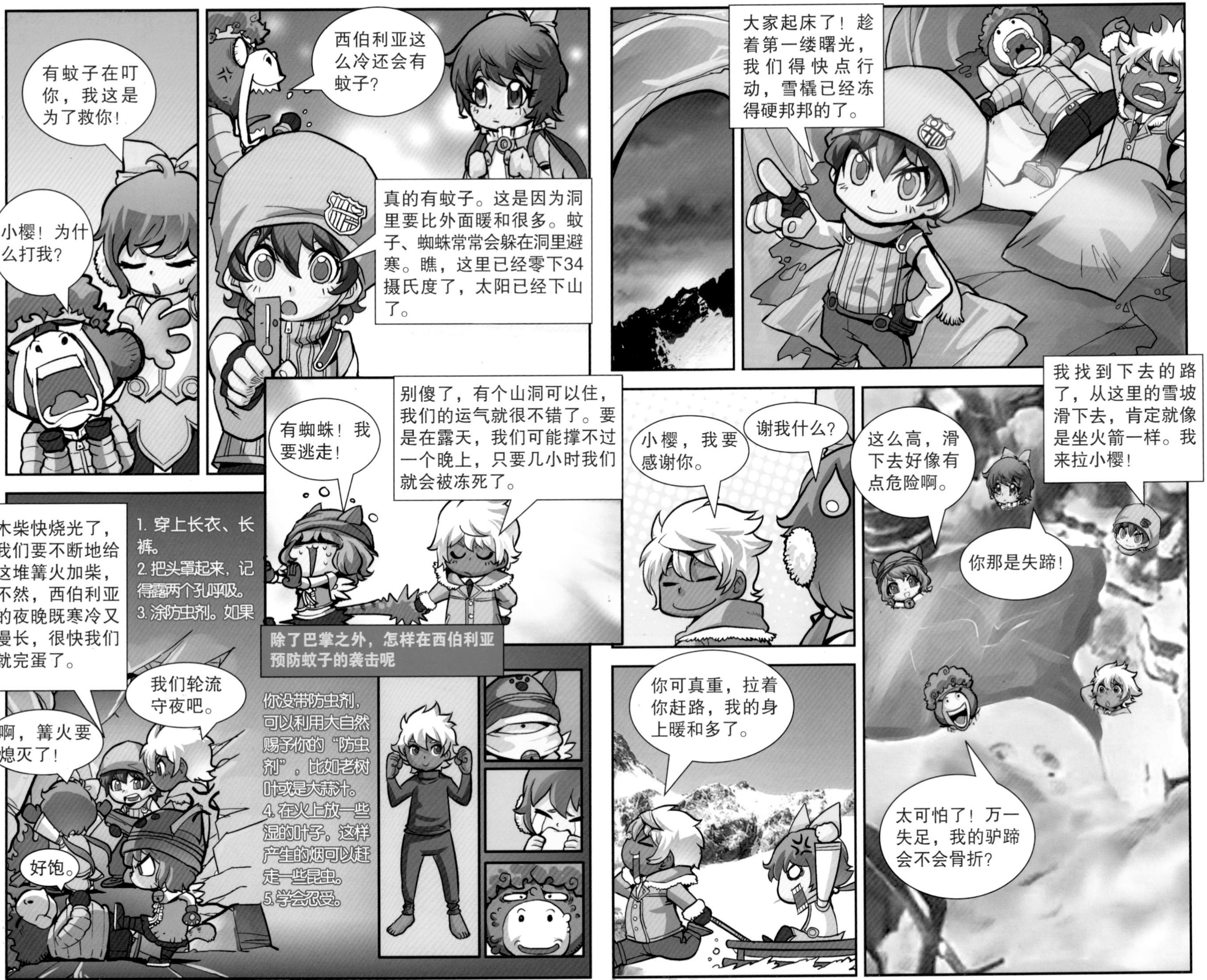
有蚊子在叮你，我这是为了救你！
小樱！为什么打我？
西伯利亚这么冷还会有蚊子？
真的有蚊子。这是因为洞里要比外面暖和很多。蚊子、蜘蛛常常会躲在洞里避寒。瞧，这里已经零下34摄氏度了，太阳已经下山了。
有蜘蛛！我要逃走！
别傻了，有个山洞可以住，我们的运气就很不错了。要是在露天，我们可能撑不过一个晚上，只要几小时我们就会被冻死了。
木柴快烧光了，我们要不断地给这堆篝火加柴，不然，西伯利亚的夜晚既寒冷又漫长，很快我们就完蛋了。
啊，篝火要熄灭了！
我们轮流守夜吧。
好饱。
除了巴掌之外，怎样在西伯利亚预防蚊子的袭击呢
1. 穿上长衣、长裤。
2. 把头罩起来，记得露两个孔呼吸。
3. 涂防虫剂。如果你没带防虫剂，可以利用大自然赐予你的“防虫剂”，比如老树叶或是大蒜汁。
4. 在火上放一些湿的叶子，这样产生的烟可以赶走一些昆虫。
5. 学会忍受。
大家起床了！趁着第一缕曙光，我们得快点行动，雪橇已经冻得硬邦邦的了。
小樱，我要感谢你。
谢我什么？
你可真重，拉着你赶路，我的身上暖和多了。
这么高，滑下去好像有点危险啊。
我找到下去的路了，从这里的雪坡滑下去，肯定就像是坐火箭一样。我来拉小樱！
你那是失蹄！
太可怕了！万一失足，我的驴蹄会不会骨折？

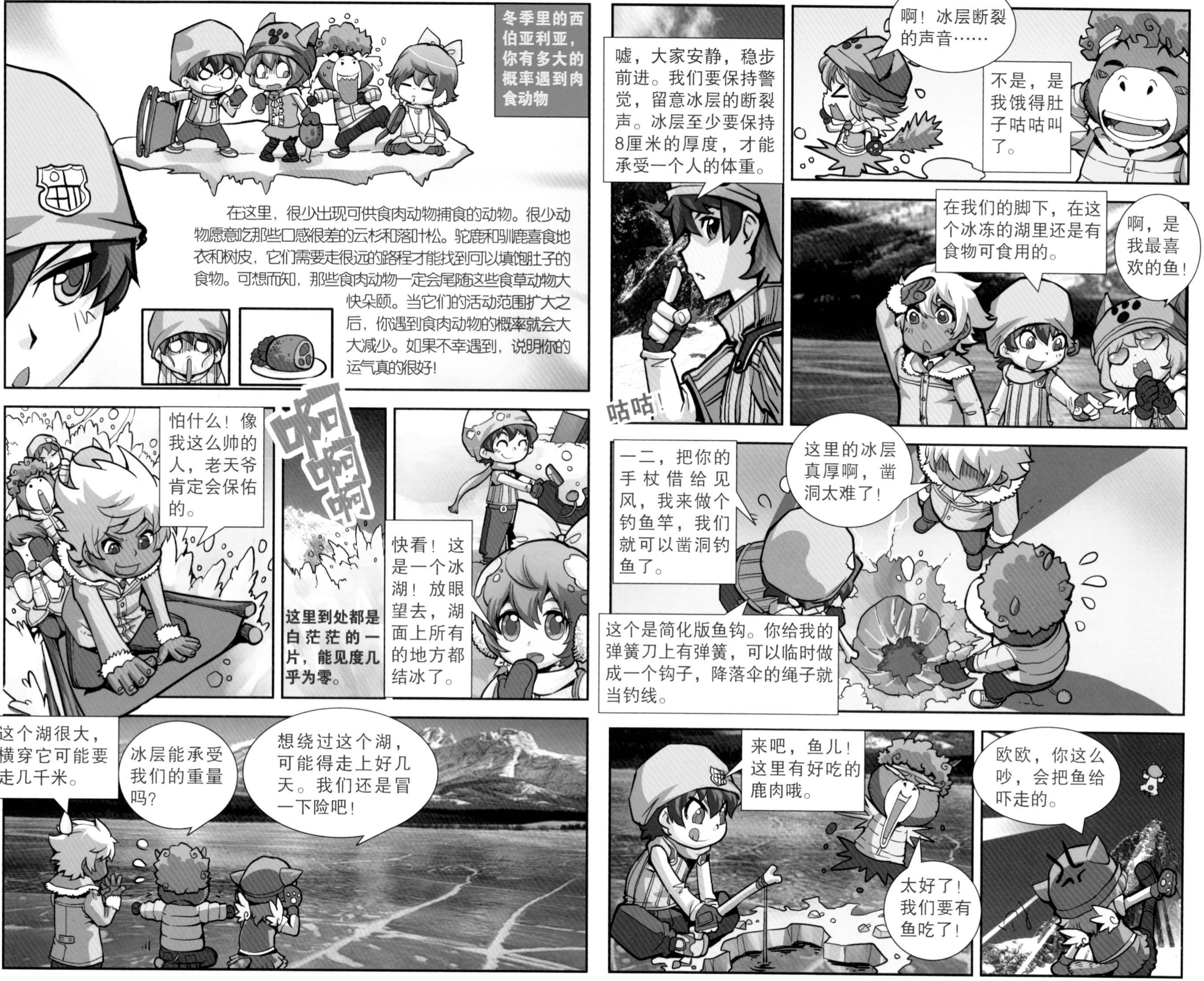
冬季里的西伯亚利亚，你有多大的概率遇到肉食动物
在这里，很少出现可供食肉动物捕食的动物。很少动物愿意吃那些口感很差的云杉和落叶松。驼鹿和驯鹿喜食地衣和树皮，它们需要走很远的路程才能找到可以填饱肚子的食物。可想而知，那些食肉动物一定会尾随这些食草动物大快朵颐。当它们的活动范围扩大之后，你遇到食肉动物的概率就会大大减少。如果不幸遇到，说明你的运气真的很好！
怕什么！像我这么帅的人，老天爷肯定会保佑的。
嗡嗡嗡
这里到处都是白茫茫的一片，能见度几乎为零。
快看！这是一个冰湖！放眼望去，湖面上所有的地方都结冰了。
这个湖很大，横穿它可能要走几千米。
冰层能承受我们的重量吗？
想绕过这个湖，可能得走上好几天。我们还是冒一下险吧！
嘘，大家安静，稳步前进。我们要保持警觉，留意冰层的断裂声。冰层至少要保持8厘米的厚度，才能承受一个人的体重。
咕咕！
啊！冰层断裂的声音……
不是，是我饿得肚子咕咕叫了。
在我们的脚下，在这个冰冻的湖里还是有食物可食用的。
啊，是我最喜欢的鱼！
一二，把你的手杖借给见风，我来做个钓鱼竿，我们就可以凿洞钓鱼了。
这里的冰层真厚啊，凿洞太难了！
这个是简化版鱼钩。你给我的弹簧刀上有弹簧，可以临时做成一个钩子，降落伞的绳子就当钓线。
来吧，鱼儿！这里有好吃的鹿肉哦。
太好了！我们要有鱼吃了！
欧欧，你这么吵，会把鱼给吓走的。

冰洞逃生
救命啊！
欧欧，我马上来救你！你要保持冷静，控制呼吸，要是再这么大口喘气，你会淹死的！
柯北，我把这根安全绳绑在自己身上，要是在一分钟之内，还没有看到你和欧欧从冰洞出来，我就拉这根绳子。
好冷，我的蹄子麻木了。
对不起，我全身都没有知觉了，我坚持不住了。
欧欧，我来了！
这里好可怕，又黑又深，冰冷刺骨。
欧欧，你看前面有亮光的地方，那就是较薄的冰层，我们就要得救了。
太好了，两个人都没事！
不，现在才是最危险的时候，大多数遇难者会在这个时候放松警惕，死于非命。
他们要一次性爬上来，不然身体就会粘在冰上，而且冰冷的血液会迅速回流进他们的心脏，心脏很有可能会超过负荷，停止跳动。
危险？致命！
温差与心脏骤停
心脏骤停是很可怕的事情，我们的心脏就像一个水泵，它把血液送到我们身体的各个部位。遇到严寒，它还会自我保护，让身体各处的血液回流，优先保护自己。
但是一旦回流的血液过量，心脏不堪负荷，我们的身体就会严重缺血、缺氧。
最快捞死方法
好难受，心跳得好快！
心跳200
见风，你赶紧给我们点一堆篝火，欧欧在发抖，体温也一直在下降……
人的正常体温是37℃。低体温指的是体温下降到35℃以下，而且身体丧失热量比产生热量的速度要快。除了在严寒的野外会发生低温症之外，如果长时间淋雨，或者过于疲劳和营养不良，也可能会出现低温症。
欧欧，快把湿衣服脱了！用雪洗个澡，把你身上已经开始结冰的水擦干！
柯北，你的脑袋进水了？
柯北说的话有道理，这些雪都是粉末状的，很干燥，能够擦去大量的水珠。

为什么在这么冷的地方，水里的鱼却不会冻死呢？
换上衣服，暖和多了，我们烤鱼吧。
因为鱼儿有秘密武器——抗冻蛋白。
为什么西伯利亚莽原的鱼不会冻死
A.鱼身上有防冻油。
B.鱼可以回龙宫取暖。
C.鱼身上具有抗冻蛋白。
答案：C。抗冻蛋白能提高生物抗冻能力，它能阻止体液内冰核的形成与生长，维持体液的非冰冻状态。在低温地区生活的鱼类全都具有合成这类蛋白的能力，以适应低温的生活条件。其实这个并不是鱼的独门绝活，凡是生活在酷寒条件下的植物和动物体内，大都有抗冻蛋白。
吃饱了，我们继续赶路吧。
啊，我的眼睛好疼，突然看不见了！
我用雪橇拉着扭伤了的小樱，见风牵着看不见的一二。欧欧，你自己当心，我们走吧。
这是雪盲症，不要揉眼睛，让眼睛休息一下。
像我这种帅哥，当然要随身带着墨镜耍酷了。
见风，你哪里来的墨镜？真是及时雨啊！
我保证照顾好我这条驴命！
轰隆隆！
啊啊啊啊啊啊
欧欧，你这笨蛋，不要往下跑，会被雪给埋住的！
我的天啊！雪崩了，大家快跑啊！
说话会引起雪崩吗
虽然我们的肉眼看不见，但其实在雪山上一直都在举行一场拔河比赛。重力把积雪向下拉，而积雪的内聚力却希望能把雪留在原地。当这种较量达到高潮的时候，哪怕是一点点外界的力量，比如动物的奔跑、刮风、轻微的震动，甚至在山谷中大喊一声，都会让重力超过将雪粒凝结成团的内聚力，这种破坏力足以引发一场灾难性的雪崩。

幸好雪崩不大，大家都没事吧？
看看有没有什么东西掉了，整理一下行装，我们重新出发吧。
太阳要下山了，我们今晚住哪里？
我们挖个雪洞来过夜吧。
雪洞可以御寒吗？
我们要在零下40摄氏度的地方露宿吗？
没错，雪洞可以御寒，待在里面会很暖和。
那还等什么，赶紧开工吧！
欧欧，你这样会再次引发雪崩的。
快看，那里有一片森林！
啊，那是针叶林，我们离开冻土带，到了针叶林地带了。
在针叶林，我们就可以挖雪洞了。欧欧，你留下来保护行动不便的小樱和一二。我们很快回来！
这地方还真不错，我们开始挖吧！
先挖树木的下层，大树的树干下面通常会有一些空间，就从这儿下手。
我在这里挖雪洞，你带大家过来。

针叶林

针叶林是寒温带的地带性植被，是地处最靠北的森林，针叶林的北界就是森林的北界。在寒温带以外的地方，也生长着很多不同类型的针叶林，但是面积比起寒温带的针叶林要小很多。

救命的雪洞

在到处都是白茫茫的积雪森林里生存，你必须利用眼前所拥有的一切。挖雪洞就是很好的办法之一。因为雪的结晶中富含空气，有着很好的隔热效果。你只要找到一棵枝繁叶茂的大树，从树干周围往下挖，一直到出现土地为止，再用其他树枝覆盖在地面上隔绝风雪，你的临时避难所就完成了。

哇！真厉害！
怎么这么窄？我的蹄子都伸展不开。
没出力的人没资格说话！
是不是一氧化碳中毒了？
我也觉得恶心。
用树枝和雪封住入口！这样能起到防风的作用。
头好痛，有点晕。
在屋外，我会冻死的！我现在就出力。

哎呀，我忘记留两个通风的安全孔了。
刚才我们在密闭空间点火，氧气不足，造成了不完全燃烧，大家一氧化碳中毒了。

一氧化碳中毒怎么办

在不通风的空间点火，是件很危险的事情。火苗因为氧气不足而导致不完全燃烧，这样空气中就会产生大量的一氧化碳。人一旦在不自察的情况下吸入大量的一氧化碳，就会发生一氧化碳中毒。

一氧化碳无色无味，刚开始吸入时，会产生轻微的头痛、晕眩无力、恶心呕吐的症状。严重时，一氧化碳中毒可致人死亡。抢救一氧化碳中毒的患者，让患者呼吸新鲜空气，就是最有效的办法。

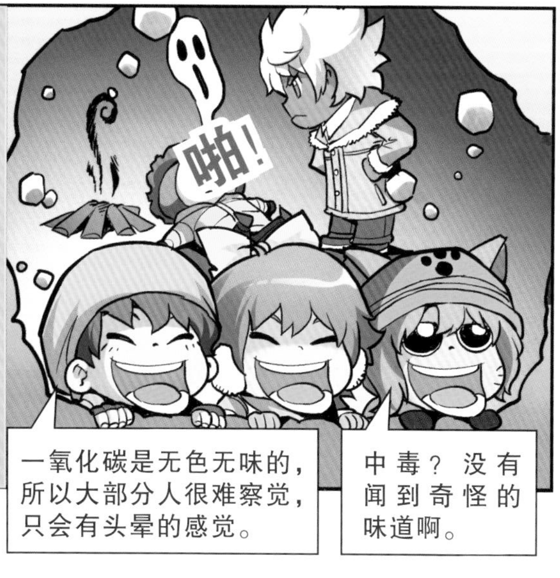
啪！
一氧化碳是无色无味的，所以大部分人很难察觉，只会有头晕的感觉。
中毒？没有闻到奇怪的味道啊。

糟糕，我尿急！
频繁上厕所的现象非常正常。在寒冷的地方，我们不容易流汗，水分都跑到膀胱里去了。
而且你们总感觉寒冷，交感神经就会收到讯号，不断提醒身体需要排泄。
遇难第三天
为什么天冷的时候，人会汗毛直竖
这是因为人的皮肤除了保护我们的内部器官、排泄汗液外，还可以调节和保持体温。当皮肤受到刺激时，竖直的汗毛会使皮肤表面变得很紧密，形成一层保护墙，阻止体内热量的散失。
睡了一觉，我又能看见了！
亲爱的，你快快飞，给我们带来救援队……
奇怪，烟雾为什么总在低空盘旋？
看来是低气压笼罩的缘故，烟雾才会这样。
柯北好厉害，你能预测天气？
糟了，看来天气要变坏了。
一二的雪盲症好了！
别光顾着高兴，我们要开始干活了。针叶林附近可能有人居住，我们用小树枝或者落叶来制作求救信号吧。
用这个？
我们现在更需要升腾起来的烟雾。白天，烟雾
其实，很多自然现象都能帮助我们预测天气，比如云的形状。
云的“天气预报”
请你根据云的外形，破解天气密码：
1.积云 A.天气晴好
2.层云 B.有下小雨的可能性
3.积雨云 C.暴风雨来临前的征兆
4.卷云 D.只要这些云保持白色，说明天气晴好。如果聚集起来，并变成暗灰色，说明大雨就要来啦
答案：4-A，1-D，3-C，2-B。

呼呼呼呼
暴风雪就要来了，我的发型……
不能再待在这儿了，这里太危险！
我们要建一个紧急庇护所。
可是，我们什么材料也没有啊。
顺着它断裂的方向，我们就能把它变成一个既简单又快捷的斜顶庇护所。
可是雪越下越大了，能见度几乎为零，现在动手还来得及吗？
只是临时休息的地方，搭建起来并不复杂，只要几分钟就能搞定。沿着倒下的树干，放上一些树枝，屋顶基本上就做好了。
大家都一起来帮忙吧，争取15分钟内完成。在这寒冷的气候下，什么都不做，才会冻死。
如何搭建一个紧急庇护所
下面教你如何利用你身边的工具搭建一个紧急庇护所，步骤如下：
1. 在你所处位置的附近，找一根和你差不多高的树木，用斧头把它砍倒。
2. 去掉树枝。
3. 把砍下的树枝铺在雪地上，以保持温度。
4. 躲进去。
5. 你可以躲在庇护所里点一簇篝火，让自己暖和起来。
要善于利用大自然的恩赐！看到那棵树了吗？
它都断了，自身难保了，还能帮我们什么？
一二，你去挖一点泥炭藓。
泥炭藓？感觉不卫生！
泥炭藓是一种很好的保温材料，可以防止你在冰冻的地面上失去热量。
是纯天然的保暖内衣啊！
是啊，在紧急情况下，要优先保护好你的重要器官，保存它们的热量。只要少量的泥炭藓就可以盖住你的胸部，让你的整个上身都保持温度。

仔细阅读本章，你就能回答出以下问题：

『熊掌鞋』是谁发明的？

为什么不能直接吃雪？

在寒冷的环境中，身体发生失温该怎么办？

冰镐是用途最广的登山装备之一，它的作用是什么？

雪地大逃亡

千辛万苦地通过了生存考验之后，疯狂探险团竟然在西伯利亚邂逅了许多“奇妙的朋友们”——如亚洲黑熊、雪兔、驼鹿、哈士奇……最惊心动魄的是与野狼的偶遇！这可不是一场愉快的“约会”。他们能成功逃脱吗？接下来，又会有什么奇遇呢？

勇斗狼群

白桦树皮

白桦树耐严寒，对土壤适应性强，是俄罗斯的国树，也是俄罗斯民族精神的象征。白桦树的树皮含有一种白色晶状的桦皮脑，它游离于树皮表面，使树干、树枝呈现白色。白桦树皮里含有白桦脂醇、韧质等物质，使其具有革质的韧性、不透水性和柔软度。

白桦树汁是一种无色或微带淡黄色的透明液体，有清香的松树气味，含有人体必需且易吸收的多种元素，因此极具药用功能，被欧洲人称为“天然啤酒”和“森林饮料”。

一直被误解，从未被澄清
——一头狼的自白

这就是我……

- ★ 我是针叶林里最高等的食肉动物
- ★ 口味很“重”，喜食麋鹿和驼鹿，顺便也吃些好捕捉的兔子、鸟和羊之类的生物
- ★ 我们采取“以多欺少”的方略方针，大量集结“有志青年”对猎物进行围攻
- ★ 我的嗅觉灵敏，就算与猎物离得很远，猎物也很难逃脱我的“监视”。只不过，我的眼睛看不到色

欧欧，快过来！
擒贼先擒王！狼是群居动物，等级森严，翘着尾巴的就是狼王，打它！
你们看我的！有三只，先打哪一只？
—— 群狼的自白
★狼王占有绝对的优势，其他狼要对狼王俯首称臣
★狼用粪便和尿液标记路过的领地，只有为首的雄狼才有资格抬起腿尿下臭迹
你知道吗？
老大，威武！
来吧，我信任你！
砰
滚开，饿狼！
好痛！
我们快撤！
★我们用嚎叫来召唤同伴，也用嚎叫来表示“此处是我占，要想过此路，留下买路钱”
★每头狼都清楚自己在团队中的地位，我们常会很婉转地用肢体语言表达自己
见风真帅！太好了，我们得救了！
在找到安全的休息地点前，只能做个简单的急救了，把鞋子和脚踝固定住。
小樱，你被狼咬到了吗？你不能死，我再也不和你抢东西吃了。
呸，你才被狼咬了呢！刚才一片混乱，我的脚伤好像更严重了。

"熊掌鞋"

如果积雪很深，双脚就会陷入雪地难以前行。一旦出现这个情况，人的体力容易消耗过度陷入危险，于是"熊掌鞋"便应运而生。

"熊掌鞋"又称雪鞋、雪掌，是印第安人发明的用于在雪地上行走的鞋具。

它能分散聚集在人体脚底的重量，能够避免脚掌完全陷入雪中。传统的"熊掌鞋"是以硬木为框架，用生皮带子编织成的。现代"熊掌鞋"大多以金属制成，其余的部分则用整块塑料和绑带做成。

如果在旅行途中，你发现了一间猎人的小屋，或者是一个山洞。里面有床和桌子，桌子上有一盒火柴，还有很多根火柴的木棒露在了外面。旁边有一些砍下的木头、细树枝、白桦皮屑和三根木棍，奇怪的是，木棍已经被人用小刀削成了羽毛状。你知道自己应该怎么做吗？做个选择题吧！

1. 火柴棒为何要露在火柴盒外面？

A. 为了告诉你，这是火柴。

B. 彰显个性。

C. 冻麻的手指也可以划动火柴。

2. 被削成羽毛状的木棍有什么用途？

A. 辟邪神器。

B. 帮助生火。

C. 木棍新造型。

3. 桌上的所有物品都是用来点火的，请问点燃的顺序是？

A. 点燃细树枝——木头——白桦树皮木屑。

B. 点燃木头——白桦树皮木屑——细树枝。

C. 白桦树皮木屑——细树枝——木头。

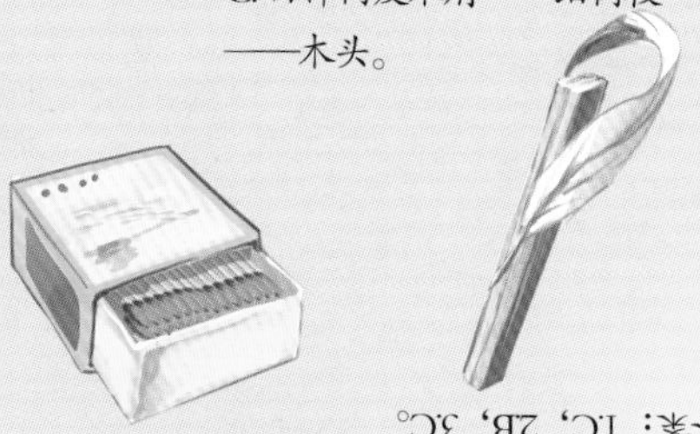

答案：1C，2B，3C。

大家快进来吧！
说不定这是猎人的秘密基地，看看还能不能找到别的东西。
里面比外面暖和多了，还有毛毯，真是太幸福了！
见风说要有光，就有了光。
啊！

快跑啊！这只熊应该是在冬眠，刚被我们吵醒，应该跑不快的。
吼——！
亚洲黑熊
亚洲黑熊全身覆盖着光亮的黑毛，胸部有白色新月形斑纹。它们会爬到树上取食，并且会用爪子在树上留下痕迹以标示领地。亚洲黑熊喜欢在海拔1000米到3000米的山林居住，到了冬天就迁移到低海拔地区。
幸好我福大命大，跑得快啊。
又要挖雪洞？
快干活，你不想露宿野外吧！
看来想偷懒是不行了，只能自力更生挖雪洞了。
这次可能需要比较长的时间，挖的雪洞要又大又坚固。
加油！欧欧，要挖三层，还要有高低落差呢。

啊，要三层这么多？你是在耍我吧！
雪洞要分成三层：上层生火，中层用于睡觉和放置用具，让冷空气留在最下层，这样中层就会相对温暖一些。
冷空气那么听话？你要它留在下面，它就乖乖地留在下面？
这个我知道，这是利用热空气上升、冷空气下沉的原理。因为冷空气密度大，所以会停留在雪洞的底部。
呵呵，这是一个诡计，我想让冷风迷路，这样风就不会直吹进洞了。
腹黑
那赶紧挖吧，怎么柯北你还走弯路啊，这不是浪费体力吗？
快起来!你要在自己与雪层之间放置一层隔绝物，否则体内的热量会快速流失。
铁锹还不能收起来，要是夜间继续下雪的话，很可能会将透气孔封住。而且这个雪洞太大了，容易坍塌。为了确保安全，雪洞内一定要留一把铁锹或其他工具进行自救。
我的脚好像肿得越来越厉害了，好疼！
别脱鞋，你的关节很可能有青肿，一脱下来你就无法再穿上鞋了。
没事，反正我们拖着小樱走，小樱不用穿鞋子赶路，脱下来，正好看看到底是骨折还是扭伤。
总算挖好了，可以把铁锹收起来了。
扭伤比骨折好办，幸好我之前留了点泥炭藓。
又是这脏兮兮的玩意儿，不会要我吃吧？

泥炭藓
泥炭藓常见于山地湿润地区或沼泽中，多成大面积垫状单一的植物群落，是生成泥炭的主要成分来源。由于该类群植物拥有独特的储水细胞，储水能力是其他藓类的数倍至数十倍。泥炭藓类植物消毒后可替代药棉，植株死层形成的泥炭可作肥料及燃料。
外敷就行了，泥炭藓是天然的救护品，可以用来包扎伤口，不仅活血消淤，还能防止细菌感染。
都弄好了，大家睡一觉吧！
你上辈子是困死的吗？
反正现在雪下得那么大，我们也走不了。
不仅是漂亮，对我们而言这真是个好消息，天气要变好了。
哇！雪停了！傍晚的天空好漂亮！
有句俗话是“早霞不出门，晚霞行千里”。如果出现火红色或金黄色的晚霞，表明西方已经没有云层，预示天气将要转晴。
高气压
柯北真厉害，这是晚霞告诉你的吗？
啊，前面是一条河。
在冬季，西伯利亚所有的河流表面几乎都会冻结，我们还是从冰面上穿过吧。
这太冒险了，我都能听到流水的声音，它们就在我的脚下流动。
看那里，这条河没有完全冻住。
偷懒
这是因为下面水流的流速阻止了河流结冰。我们可以先从这里取水喝。
喝水？直接吃雪岂不方便？
不要大口喝水，那会迅速降低你的核心体温，会有休克的危险。
不能直接吃雪，雪会冻伤你的嘴巴的。
那么可怕？那我喝水吧！
大家都小口地喝一点，然后灌满水壶，把水壶放在胸口，或者包起来放进背包里，防止它结冰。
为什么不能直接吃雪
如果直接吃雪，过低的温度会造成身体局部的血液堵塞，形成水疱。而且雪给你带来的水分和能量远远不及身体里用来融化它所耗费的热量，这是一种得不偿失的笨办法。
柯北，你看，我们可以利用这些被积雪覆盖的圆石，从一块圆石跳到另一块圆石上，这样，就能安全地穿过这条河。

偶遇图瓦人

为啥水流会阻止水面结冰

课本告诉我们当温度降到0℃时水会变成冰。但实际情况并非如此简单。由于水在4℃存在一个密度最大值，这个温度的水是沉在最下面的。因为流动的水可能导致水上下层之间的对流，会使底部较高温度的水向上流动，而上面较低温度的水向下流动，这样带上来的热量就会阻碍表层水的降温和结冰。

湿了衣服你会……
衣服湿透的情况下易发生失温的状况。失温的症状表现为：烦燥、反应迟钝、头疼、心跳慢、呼吸细弱等。在救助失温者时，要先将其移至温暖处，饮用热饮，食用含糖的高热量食物。
柯北，你真的能背我过索桥吗?
放心，我练过的。
你是古墓派的吗？会像神雕大侠杨过一样在绳子上睡觉?
我学过特种部队的过河技能！
柯北！你能坚持住吗？小樱太重了！
没事，我知道怎么爬上去，只要摆动腿，抬起肘部……看！我，柯北又回来了！
哇！那是雪兔！
雪兔
从西伯利亚到北极地带都有雪兔的踪影，它们主要居住在草丛茂密、地形凹陷处或是岩石底部。雪兔的毛色会随着季节的变化而改变，它的耳朵比家兔短，这会减少散热的身体面积，而且雪兔会常常将耳朵紧紧地贴在背上，以保存热量。
小兔子，等等我……
雪兔？雪兔不该是雪白的吗?
雪兔会换毛，冬天才是雪白的，夏天就会变成灰色。雪兔在换毛，看来我们的运气不错，西伯利亚的夏天要来了。
啊，小兔子跑得太快了，追不上。
这里有一头驼鹿。
它怎么看见我们也不逃走?
因为它看见我是个大帅哥，想多看一会儿。

这个猎人很专业，陷阱的铁丝用烂泥巴擦过，用来掩饰人类的气味，这样动物就会放松警惕。
它明明是被困住了，这是猎人的陷阱。
驼鹿：西伯利亚针叶林中的大型食草动物。
最爱吃：湖边的青草和水草，冬天喜欢啃树皮。
身高：2.1米左右。
角：角是雄驼鹿的标志和荣耀。角上的分岔是用来攻击其他雄驼鹿的，它们以此来获取雌驼鹿的芳心。角上的分岔越多，说明驼鹿的年龄越大。
4吨：一头驼鹿一个冬天需要吃4吨食物。由于冬天很难找到食物，因此，驼鹿会在夏天吃很多食物，帮助它们度过寒冷的冬季。
是狼!
虽然哈士奇现在变成了一种流行于全球的宠物犬，而且因为个性比较“二”，被戏称为“井犬”。“井”即横竖都很“二”的意思。但是哈士奇其实是一种古老的工作犬，西伯利亚的原始部落用这种外形酷似狼的犬种来拉雪橇，并用这种狗猎取和饲养驼鹿。
有狗叫声。
太没有礼貌了吧，人家在说话，你居然说是狗叫。
拉下脸
不是，真的有狗叫，你仔细听。
嗷嗷嗷!
是狼!
欧欧，别害怕，那是西伯利亚雪橇犬，俗称哈士奇，不是狼。
不好了，那头驼鹿是他的猎物，他不是要杀驼鹿吧?
请不要伤害驼鹿!
###@@@……（土著语：这是我的驼鹿，我要带走它。）
看起来他不是要杀驼鹿，不过我们语言不通啊。
别担心，听我的俄语。
看起来，俄语也听不懂，似乎是西伯利亚的原住民。
还是本帅哥出马吧。

叽里呱啦，带我们走吧。
##@#@@……（土著语：跟我走。）
看到没有，帅哥出马，一个顶俩。
欢迎你们，贝亚不会说俄语，我是他的爷爷赛莱特。
你们误会贝亚了，贝亚今年十八岁了，按照我们的规矩，每个男孩子成年的时候都要拥有一头自己的驼鹿，这样才算是好猎人。贝亚会好好照顾那头驼鹿的。
好香啊，一定在做肉汤。
在做羊肉汤，你们几个谁最小？
哇，有蒙古包，看起来我们到了。
图瓦人是俄罗斯的少数民族之一，有人说是成吉思汗西征时遗留下来的士兵繁衍的后代。图瓦人多穿蒙古长袍、长靴；居住的木屋用松木垒砌，有尖尖的斜顶。他们以奶制品、牛羊肉和面食为主要饮食。
@##@@#……（土著语：贝亚，你找到属于自己的驼鹿了吗？）
##@#@……（土著语：我带了客人回来，可是我听不懂他们的话。）
那好，按照我们族里的规矩，你把它吃了吧。
我最小，给我喝！
一二，你不吃的话是不礼貌的哦，图瓦人对吃“羊耳朵”很讲究。家里来客人了，会把“羊耳朵”递给客人中年龄最小的一位。
“羊耳朵”？

冻伤的四个阶段：

一级冻伤（冻结伤）：表现为红斑、水肿、皮肤麻痹和短暂的疼痛。皮损可以完全恢复，仅伴有轻度脱屑。

二级冻伤：以明显的充血、水肿和水疱为特点，疱液清亮。皮损可以愈合，但可留有长期的感觉神经病变，常伴有明显的冷过敏。

三级冻伤：包括真皮全层损伤，伴有血疱形成或蜡状、干燥、木乃伊样皮肤。组织丧失，预后不良。

四级冻伤：皮肤全层的彻底丧失，包括皮肤、肌肉、肌腱和骨骼的破坏，可导致截肢。

啊，好温暖，谢谢柯北。
虽然夏天快来了，但西伯利亚的夏天是很短暂的，没到六月之前气温都会很低。一会儿，我告诉你们一个驱寒的秘方。
独门秘方
这好像是一碗猪油。
我知道脂肪可以御寒，但是我可不想吃猪油。
不用吃，只要涂在身上就行了，给自己涂抹动物油脂是一种古老的生存技巧，能保护你的皮肤不皴裂、冻伤。
永远在减肥
我不要涂，味道太难闻了！
你是要变成二级冻伤，还是身上难闻一点？你看连我这样的帅哥也涂了。
我也涂。
那我涂吧！
孩子们，你们从这里出发，经过前面的大湖，就能找到铁路线了。坐上火车，你们就可以回家了。
太好了，胜利在望！

逃离西伯利亚

蒙古式摔跤姿势解析

蒙古式摔跤，既不同于中国式摔跤，也不同于日本的相扑。它在规则、方法、服装、场地等方面都有自己的特点。当然有插图来辅助说明更易于理解。

规则：

摔跤手一上来就互相抓握，膝盖以上任何部位着地都为失败。

蒙古式摔跤由捉、拉、扯、推、压等十三个基本技巧演变出一百多个动作，摔跤手可以抓住对手的摔跤衣、腰带、裤带。

但下列动作不允许出现：

马奶酒最早始于秦汉时期，流行于北方少数民族，已有两千多年的历史。马奶酒、手扒肉、烤羊肉是游牧民族日常生活中最喜欢的饮食。把马奶收贮于皮囊中，加以搅拌，数日后便乳脂分离，发酵成酒。马奶酒味道酸辣，有驱寒、舒筋、活血、健胃等功效。游牧民族向客人敬献马奶酒，是对贵客的最高礼仪。

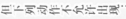

滴往地上一弹，意思是再敬地。最后，蘸一滴酒点一下自己的额头。
成吉思汗？你们不是图瓦人吗？怎么变成蒙古人了？
我们不是蒙古人，是成吉思汗西征的时候留下来驻守这里的士兵的后代。当时，成吉思汗赐给了我们的祖先“科克盟科克”，就是你看到的这条蓝领带。这条蓝领带是祖辈传下来的，是男子汉的象征。
图瓦人是这样的……
从历史记载来看，成吉思汗统一蒙古各部落之后，曾有三次大的西征，每次都要翻越阿尔泰山，在额尔齐斯河休整。额尔齐斯河流经俄罗斯和哈萨克斯坦，最后汇入北冰洋，是我国唯一流入北冰洋的河流。虽然，史书上并没有详细记载图瓦人的起源，但因为图瓦人的长相很像蒙古人，而且服饰和生活习惯也基本一致，按我国目前的民族划分，他们属于蒙古族支系。所以，准确地说，他们应被称为蒙古族图瓦人。
原来你们不是在吵架。
托海是我敬爱的哥哥，但是我要证明我不比他差。这是男子汉之间的较量。
好香，我觉得有一种神圣和豪情在心中升腾。
欧欧，你喝了这杯吧。
好酸！好辣！
奥恰，你别见怪，欧欧从来没有喝过马奶酒，所以喝不惯。我来替他喝。
没关系，那你们喝奶茶吧。
奶茶里漂浮的是什么东西？怎么这么快就融化了？
这是酥油，很香甜的。
吃货的知识量
酥油是类似黄油的一种乳制品，是从牛奶、羊奶中提炼出的脂肪。味道香甜，口感极佳，能够滋润肠胃，含多种维生素，营养价值很高。
这又是什么？味道酸酸的，口感很好啊！

这是奶皮子。这种奶皮是鲜乳倒入锅中慢火微煮而成的。等其表面凝结出一层腊脂肪后，再用筷子挑起挂通风处晾干而成。
这是奶里的精华。可是我喝不下了。
不行，在图瓦人家里喝奶茶，必须喝两碗。因为你是用两条腿走进来的。喝完两碗奶茶，你再用两条腿走出去，才能吉祥平安。
好，我喝。
换衣服？我这是大商场买来的名牌，很贵的啊。
对了，你们要出发了，我当你们的向导吧，这样能证明我是个真正的男子汉。
你们得先把身上的衣服换掉才行。
你的衣服虽然好看，可是保暖绝对比不上他们的羊皮袄，你看他们的衣服是皮毛一体的，里外都是羊皮呢。
你们还要在衣服里面塞干草。
在衣服里面塞一定量的干草，就能在衣服夹层之间形成保暖层，有效地隔绝空气热传递。
塞干草？我们又不养驼鹿？
热水瓶很“热”
下面是见证奇迹的时刻，热水瓶的原理很简单，把里面的瓶胆做成双层，把隔层中的空气抽掉，切断热传导。这和在衣服夹层之间塞干草形成保暖层是一样的道理。不过，热水瓶的真空隔层里又涂了一层反射涂料，把热辐射挡回去。这样保温效果就更好了，能较长时间保持温度。
我要窒息了！你不是说已经是夏天了，为什么目力所及之处，还是只能看见积雪和树木？好像整座森林都在时间里定格，被封印在冬天了。
呜哇数附体
这是哪里？
安静！这里是西伯利亚的针叶林地带，森林覆盖面积将近518万平方千米。在分布于北纬45°~70°之间的寒温带地区，夏天能看到积雪是很正常的事情，你没有发现比起我们刚到此地时，白天的时间已经变长了很多吗？

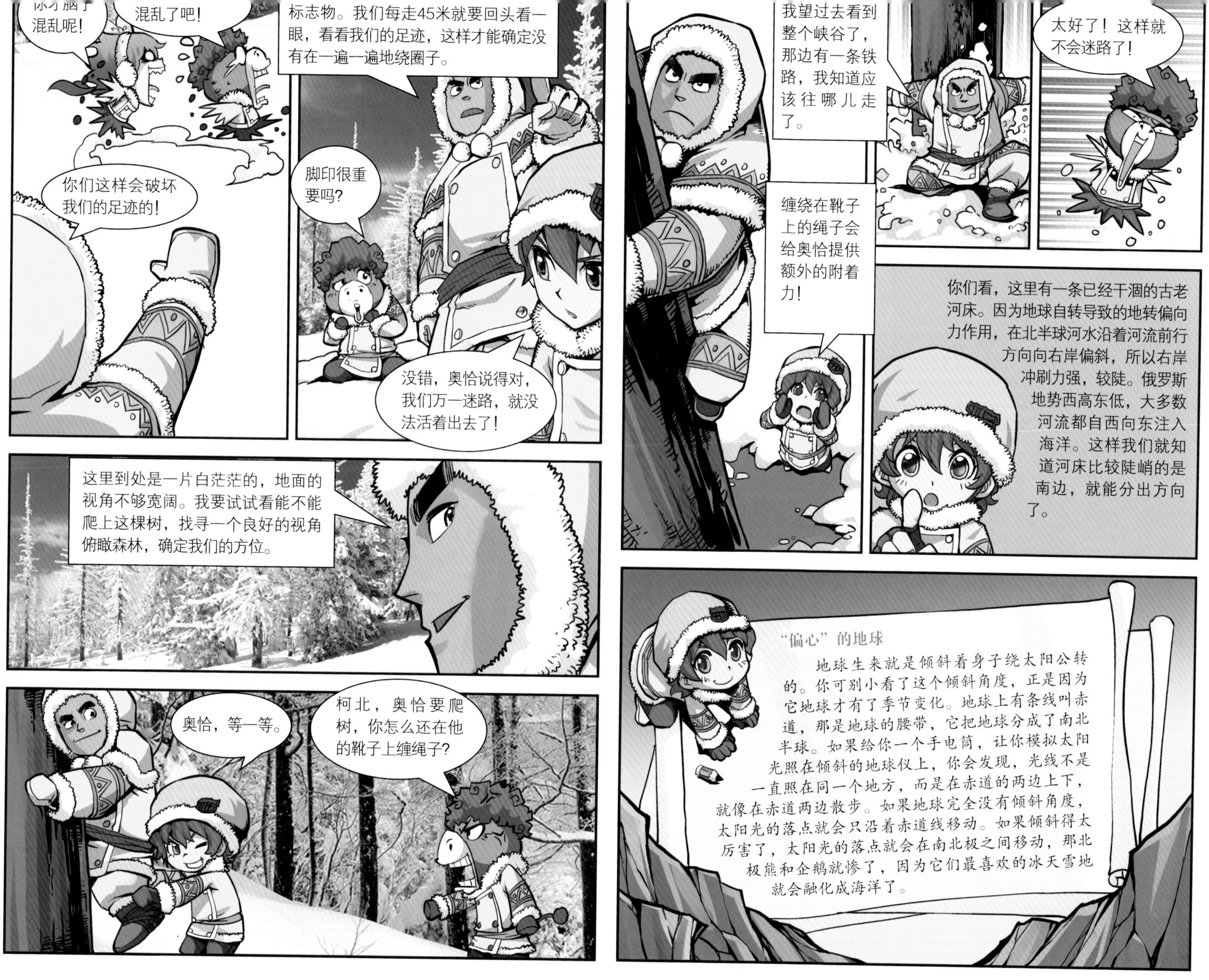

混乱了吧!
混乱呢!
标志物。我们每走45米就要回头看一眼，看看我们的足迹，这样才能确定没有在一遍一遍地绕圈子。
你们这样会破坏我们的足迹的!
脚印很重要吗?
没错，奥恰说得对，我们万一迷路，就没法活着出去了!
这里到处是一片白茫茫的，地面的视角不够宽阔。我要试试看能不能爬上这棵树，找寻一个良好的视角俯瞰森林，确定我们的方位。
奥恰，等一等。
柯北，奥恰要爬树，你怎么还在他的靴子上缠绳子?
我望过去看到整个峡谷了，那边有一条铁路，我知道应该往哪儿走了。
太好了！这样就不会迷路了!
缠绕在靴子上的绳子会给奥恰提供额外的附着力!
你们看，这里有一条已经干涸的古老河床。因为地球自转导致的地转偏向力作用，在北半球河水沿着河流前行方向向右岸偏斜，所以右岸冲刷力强，较陡。俄罗斯地势西高东低，大多数河流都自西向东注入海洋。这样我们就知道河床比较陡峭的是南边，就能分出方向了。
“偏心”的地球
地球生来就是倾斜着身子绕太阳公转的。你可别小看了这个倾斜角度，正是因为它地球才有了季节变化。地球上有条线叫赤道，那是地球的腰带，它把地球分成了南北半球。如果给你一个手电筒，让你模拟太阳光照在倾斜的地球仪上，你会发现，光线不是一直照在同一个地方，而是在赤道的两边上下，就像在赤道两边散步。如果地球完全没有倾斜角度，太阳光的落点就会只沿着赤道线移动。如果倾斜得太厉害了，太阳光的落点就会在南北极之间移动，那北极熊和企鹅就惨了，因为它们最喜欢的冰天雪地就会融化成海洋了。

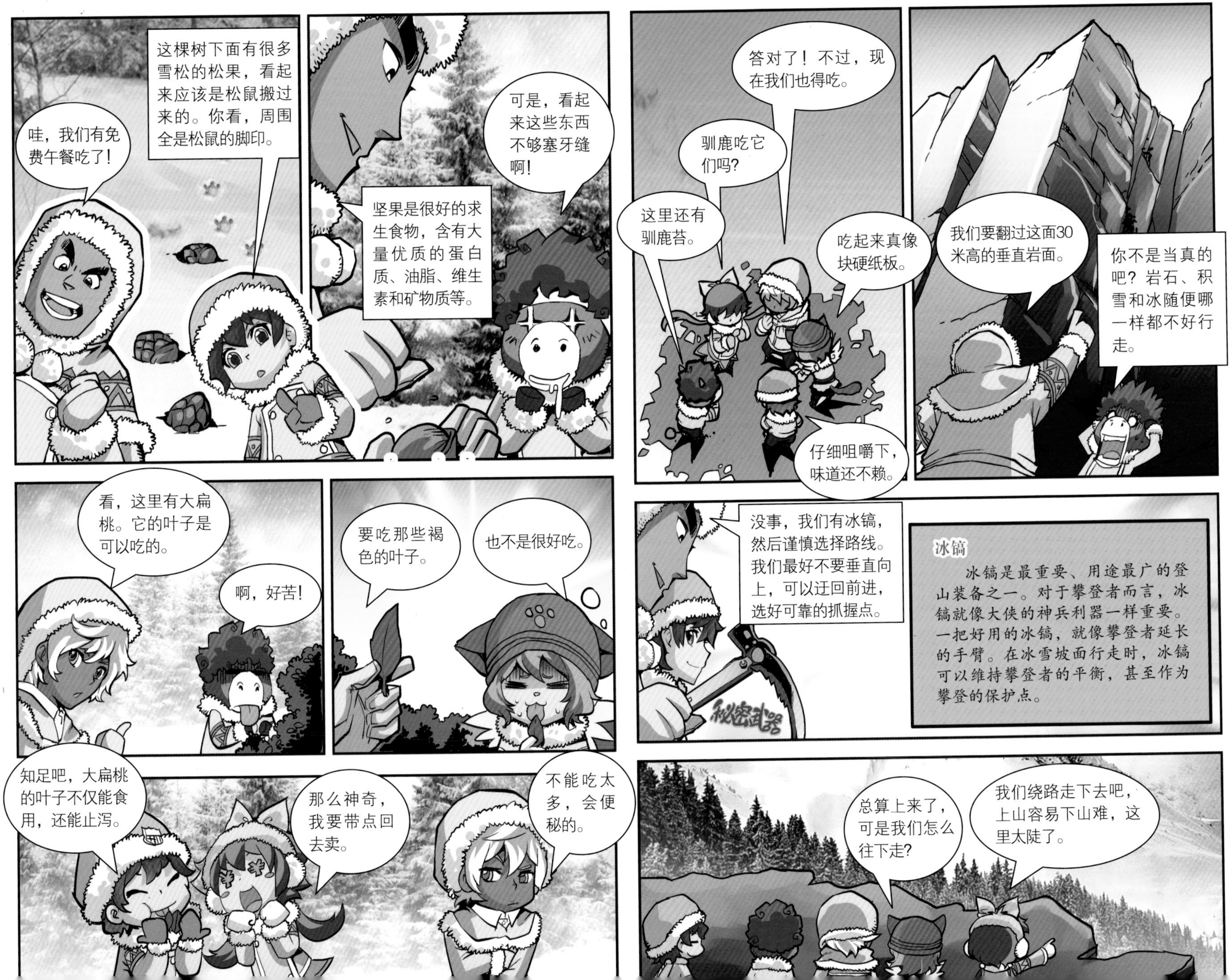
哇，我们有免费午餐吃了！
这棵树下面有很多雪松的松果，看起来应该是松鼠搬过来的。你看，周围全是松鼠的脚印。
可是，看起来这些东西不够塞牙缝啊！
坚果是很好的求生食物，含有大量优质的蛋白质、油脂、维生素和矿物质等。
看，这里有大扁桃。它的叶子是可以吃的。
啊，好苦！
要吃那些褐色的叶子。
也不是很好吃。
知足吧，大扁桃的叶子不仅能食用，还能止泻。
那么神奇，我要带点回去卖。
不能吃太多，会便秘的。
这里还有驯鹿苔。
驯鹿吃它们吗？
答对了！不过，现在我们也得吃。
吃起来真像块硬纸板。
仔细咀嚼下，味道还不赖。
我们要翻过这面30米高的垂直岩面。
你不是当真的吧？岩石、积雪和冰随便哪一样都不好行走。
没事，我们有冰镐，然后谨慎选择路线。我们最好不要垂直向上，可以迂回前进，选好可靠的抓握点。
秘密武器
冰镐
冰镐是最重要、用途最广的登山装备之一。对于攀登者而言，冰镐就像大侠的神兵利器一样重要。一把好用的冰镐，就像攀登者延长的手臂。在冰雪坡面行走时，冰镐可以维持攀登者的平衡，甚至作为攀登的保护点。
总算上来了，可是我们怎么往下走？
我们绕路走下去吧，上山容易下山难，这里太陡了。

我的驴蹄子动弹不得啦！
我又要拿出特种部队的绝技了。你们跟着我向前滑下去，虽然面朝下会令人不安，但是省时省力。
我的手表好像也疯了，这里的磁场发生混乱了。
据我爷爷的爷爷说，在一百多年前，这里曾发生过大爆炸。大家早上被一种异常的声音惊醒，一个燃烧着的怪物，拖着长长的烟火尾巴，从南向北划过天空，消失在地平线外，地平线上升起一团巨大的火焰。
“通古斯”大爆炸
1908年6月30日，在俄罗斯西伯利亚森林的通古斯河畔，突然传出一声巨响。巨大的蘑菇云腾空而起，天空出现了强烈的白光，气温瞬间灼热烤人，其破坏力估计相当于一千颗原子弹爆炸的威力。周围2000平方千米被夷为平地，8000万棵树毁于一旦。70千米外的人也被严重灼伤，还有人被震聋了耳朵。据当地游牧民族埃文基族人回忆，爆炸形成的冲击波将房子和动物掀向空中。
据悉，英国伦敦的许多电灯骤然熄灭，甚至远在大洋彼岸的美国也感觉到大地在抖动。纵然是一天后，火球依旧照亮着周围地区，伦敦人甚至能在夜空下看报纸。
多年来，有关“通古斯大爆炸”的说法不一，人们不断提出各种假说。
那是“通古斯大爆炸”，关于它的起因还是一个未解之谜，总的来说有四种说法：陨石撞击说、核爆炸说、外星飞船爆炸说和彗星撞击说。
我感觉这块石头很重，它更像是块金属。它的表面还有不少纹理，这应该是陨石特有的气印。
你们听，是火车的声音！走，我们快过去，大家跟上！
看起来是辆货运列车，大概离我们有1000多米。如果你们能跑到铁轨那儿，跳上火车，就能离开这里。
加油，发起最后的冲刺！快点，我们要抓紧了！
我走不动了。
欧欧，快把那么重的陨石丢了，这样就能跳上车了。
必须赶上这趟火车，我们穿过了迷宫般的针叶森林，长途跋涉了那么久才找到了这条铁路线。
啊，我的陨石！
耶，爬上飞快的火车，像骑上奔驰的骏马！
西伯利亚铁路总长9288千米，起点是莫斯科，途中穿过辽阔的松树林、跨过乌拉尔山脉、穿越西伯利亚冻土带，最终抵达太平洋口岸的符拉迪沃斯托克，整整跨越了8个时区，是世界上最壮观的铁路线之一。它被称为俄罗斯的“脊柱”。该铁路修建于1891年到1916年，已经运行了103年。在火车的轰鸣声中，来自远东港口、中国口岸的货物及西伯利亚地区的丰富物产被源源不断地运到俄罗斯的心脏地带。
谢谢你，奥恰，你是真正的男子汉，我们一定会回来看你的！
太好了，你们成功了！赛莱特爷爷说这条铁路跟著名的西伯利亚铁路相连。西伯利亚铁路有将近一万千米长，从莫斯科一直延伸到你们的首都北京，你们可以回家了！

仔细阅读本章，你就能回答出以下问题：

- 位于中国地理纬度位置最南端的城市是哪个市？
- 海沟是怎么回事儿？
- 为什么古代海盗船长都是『独眼龙』？
- 掉入大海后，你最好采用哪种游泳姿势？

探秘马里亚纳海沟

在广阔的海面下，海底的地形非常复杂，它和陆地一样，也有盆地和高山。有了山峰，自然少不了峡谷，只不过在海中，这种地形被称为海沟。逃离了西伯利亚后，疯狂探险团这次来到了世界上最深的海沟——马里亚纳海沟。跟随他们的步伐，向着神秘的海底下潜吧！

最深的海沟

脚本/妃嫣

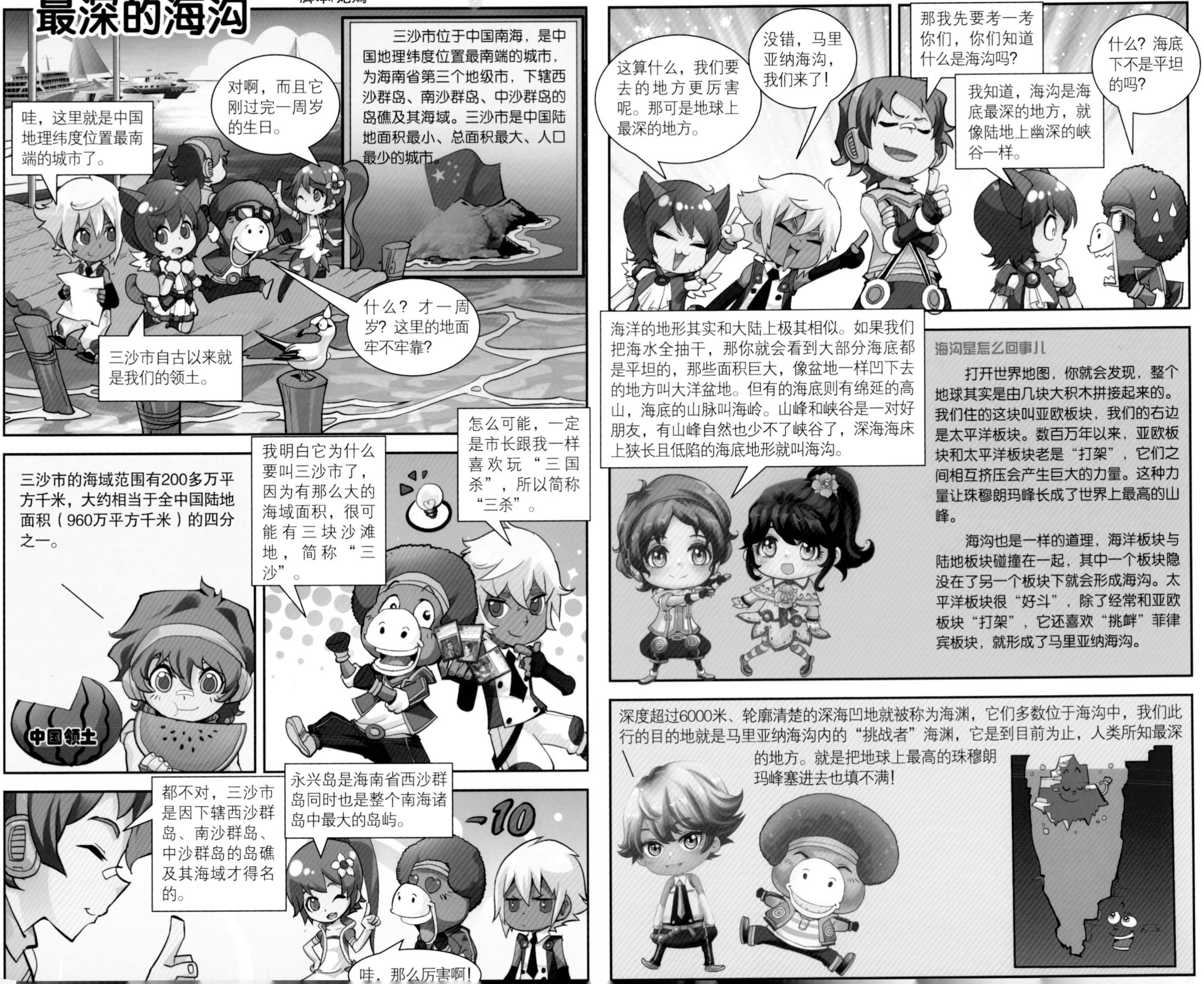

三沙市位于中国南海，是中国地理纬度位置最南端的城市，为海南省第三个地级市，下辖西沙群岛、南沙群岛、中沙群岛的岛礁及其海域。三沙市是中国陆地面积最小、总面积最大、人口最少的城市。
哇，这里就是中国地理纬度位置最南端的城市了。
对啊，而且它刚过完一周岁的生日。
什么？才一周岁？这里的地面牢不牢靠？
三沙市自古以来就是我们的领土。
三沙市的海域范围有200多万平方千米，大约相当于全中国陆地面积（960万平方千米）的四分之一。
中国领土
我明白它为什么要叫三沙市了，因为有那么大的海域面积，很可能有三块沙滩地，简称“三沙”。
怎么可能，一定是市长跟我一样喜欢玩“三国杀”，所以简称“三杀”。
都不对，三沙市是因下辖西沙群岛、南沙群岛、中沙群岛的岛礁及其海域才得名的。
永兴岛是海南省西沙群岛同时也是整个南海诸岛中最大的岛屿。
-10
哇，那么厉害啊！
没错，马里亚纳海沟，我们来了！
这算什么，我们要去的地方更厉害呢。那可是地球上最深的地方。
那我先要考一考你们，你们知道什么是海沟吗？
什么？海底下不是平坦的吗？
我知道，海沟是海底最深的地方，就像陆地上幽深的峡谷一样。
海洋的地形其实和大陆上极其相似。如果我们把海水全抽干，那你就会看到大部分海底都是平坦的，那些面积巨大，像盆地一样凹下去的地方叫大洋盆地。但有的海底则有绵延的高山，海底的山脉叫海岭。山峰和峡谷是一对好朋友，有山峰自然也少不了峡谷了，深海海床上狭长且低陷的海底地形就叫海沟。
海沟是怎么回事儿
打开世界地图，你就会发现，整个地球其实是由几块大积木拼接起来的。我们住的这块叫亚欧板块，我们的右边是太平洋板块。数百万年以来，亚欧板块和太平洋板块老是“打架”，它们之间相互挤压会产生巨大的力量。这种力量让珠穆朗玛峰长成了世界上最高的山峰。
海沟也是一样的道理，海洋板块与陆地板块碰撞在一起，其中一个板块隐没在了另一个板块下就会形成海沟。太平洋板块很“好斗”，除了经常和亚欧板块“打架”，它还喜欢“挑衅”菲律宾板块，就形成了马里亚纳海沟。
深度超过6000米、轮廓清楚的深海凹地就被称为海渊，它们多数位于海沟中，我们此行的目的地就是马里亚纳海沟内的“挑战者”海渊，它是到目前为止，人类所知最深的地方。就是把地球上最高的珠穆朗玛峰塞进去也填不满！

海渊通常以发现它的船只命名。1951年英国皇家海军的“挑战者”二号首度测量海沟，海沟最深处便以“挑战者”为名。
热带
地球总是倾斜着在绕着太阳旋转。这样，地球有时是北半球倾向太阳，有时又是南半球倾向太阳，因而太阳光直射地球的位置会随时间而发生南北的移动，就像是一场往返跑，从地球的赤道出发，向北跑到北回归线，向南跑到南回归线。南北回归线之间的地方就叫热带。这一地带终年能得到强烈的阳光照射，气候炎热。
救生衣准备了吗？
看起来好像有点旧，靠谱吗？不管了，想要活命就必须穿上它。
你们这是对我这个探险达人没有信心吗？
不是，我们是想多穿点衣服，这样保暖。
保暖？这里可是热带啊，你们居然还需要保暖？
好了，我们出发吧！柯北船长，请你掌舵。
被你们这些无知的人气死了。
见风，你行不行？
好吧，见风船长，这艘“蛟龙号”就交给你了。
我叫见风，要最帅的人掌舵才行！
潜水艇？
一代“蛟龙”
“蛟龙号”载人深潜器是我国首台自主设计、自主集成研制的作业型深海载人潜水器，设计最大下潜深度为7000米级，也是目前世界上下潜能力最强的作业型载人潜水器。目前全世界投入使用的各类载人潜水器约90艘，其中下潜深度超过1000米的仅有12艘，更深的潜水器数量更少。目前拥有6000米以上深度载人潜水器的国家包括中国、美国、日本、法国和俄罗斯。2012年6月24日，“蛟龙号”载人潜水器在西太平洋的马里亚纳海沟海试成功到达7062米海底，创造了作业类载人潜水器新的世界纪录。
错了，这不是潜水艇，这是深海潜水器。这可是我们国家自主研发的宝贝。
可是我还是不明白什么叫深海潜水器？
深海潜水器不能完全独立运行，必须依靠母船补充能量和空气。这次“蛟龙号”的母船是“向阳红九号”。顺便告诉你一句，我柯北是船长。
什么母船？你的意思是我是孙悟空，你给我戴了个金箍圈吗？
这也是没有办法的事情，深海潜水器体积较小，没有潜艇那样的艇员生活设施。“蛟龙号”每次海试结束后都会被回收到母船上，而不是在海中独立行驶。深海潜水器和潜艇的下潜方法相同，都是向空气舱中注入海水，但上浮的方法则各不相同。

啊，那不是很危险？
你是要像我这样的淑女去干体力活？
不用担心，深海潜水器会装载一定重量的铁，想要浮上来的时候，只要抛弃压载铁就行了。
深海潜水器一般是通过电磁铁控制压载铁，不用手动。小樱，你不要暴躁。
那停电了怎么办？我们都要因此困在海底吗？
别担心，万一电磁铁失效，压载铁也会在重力的作用下自动脱离潜水器，使潜水器上浮。除此之外，报警系统还可以发射浮标到海面，定会有人来营救我们的。
那还等什么？赶紧出发吧！
我要去大海钓鱼。
我们的征途是星辰大海。
喂，钓了半天了，有什么收获？
上钩了，上钩了！
哇，鱼竿要拉断了，这条鱼肯定很大！
哇，是毒蛇，好可怕啊！
应该是鳗鱼。
哇，有鱼吃了！
是……电……鳗……
电鳗不是真正的鳗鱼，只是样子长得像鳗鱼。看这电量，我推测这条电鳗在之前一定已经释放过电了。
我记得电鳗是河鱼，为什么会在海里出现？

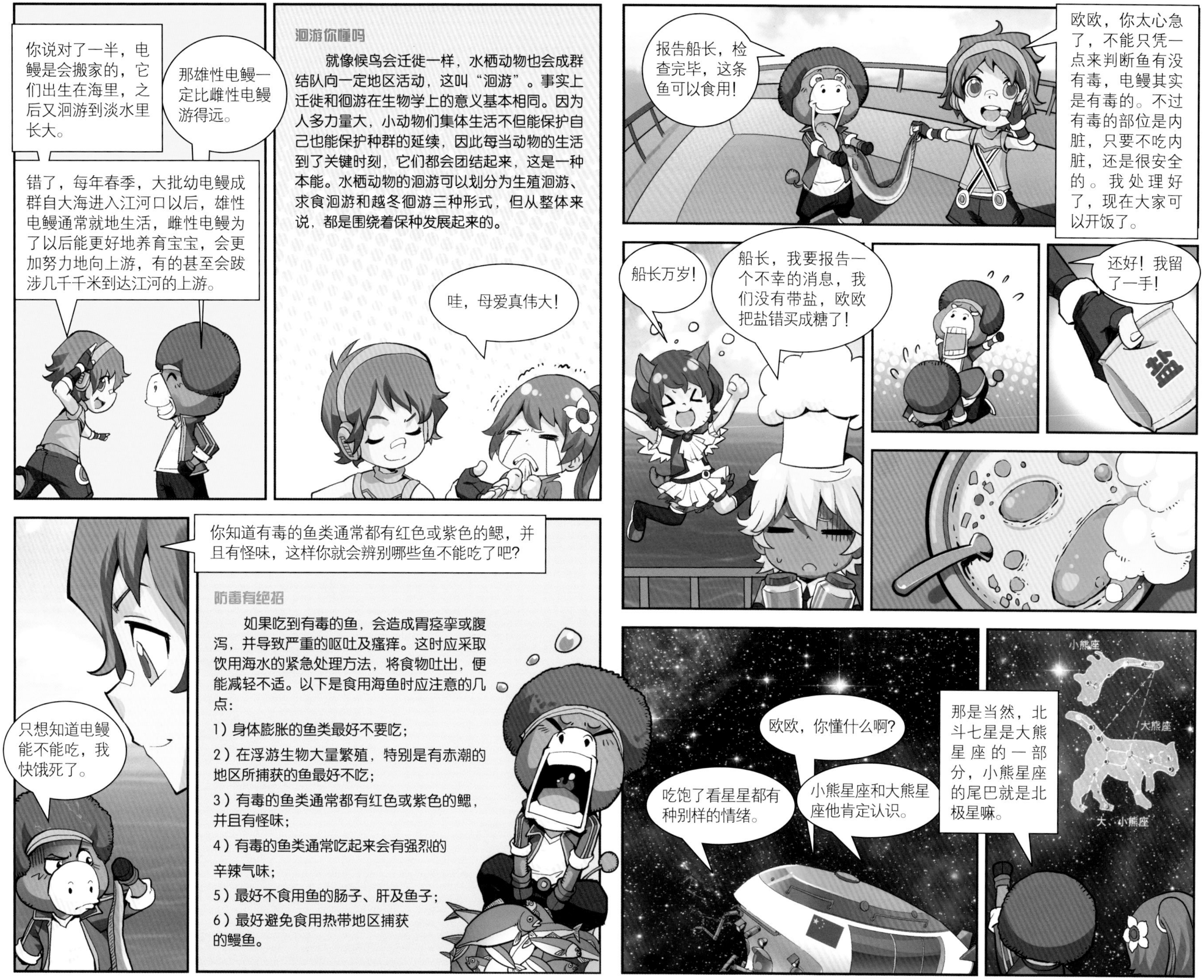
你说对了一半，电鳗是会搬家的，它们出生在海里，之后又洄游到淡水里长大。
那雄性电鳗一定比雌性电鳗游得远。
错了，每年春季，大批幼电鳗成群自大海进入江河口以后，雄性电鳗通常就地生活，雌性电鳗为了以后能更好地养育宝宝，会更加努力地向上游，有的甚至会跋涉几千千米到达江河的上游。
洄游你懂吗
就像候鸟会迁徙一样，水栖动物也会成群结队向一定地区活动，这叫“洄游”。事实上迁徙和洄游在生物学上的意义基本相同。因为人多力量大，小动物们集体生活不但能保护自己也能保护种群的延续，因此每当动物的生活到了关键时刻，它们都会团结起来，这是一种本能。水栖动物的洄游可以划分为生殖洄游、求食洄游和越冬洄游三种形式，但从整体来说，都是围绕着保种发展起来的。
哇，母爱真伟大！
你知道有毒的鱼类通常都有红色或紫色的鳃，并且有怪味，这样你就会辨别哪些鱼不能吃了吧？
只想知道电鳗能不能吃，我快饿死了。
防毒有绝招
如果吃到有毒的鱼，会造成胃痉挛或腹泻，并导致严重的呕吐及瘙痒。这时应采取饮用海水的紧急处理方法，将食物吐出，便能减轻不适。以下是食用海鱼时应注意的几点：
1）身体膨胀的鱼类最好不要吃；
2）在浮游生物大量繁殖，特别是有赤潮的地区所捕获的鱼最好不吃；
3）有毒的鱼类通常都有红色或紫色的鳃，并且有怪味；
4）有毒的鱼类通常吃起来会有强烈的辛辣气味；
5）最好不食用鱼的肠子、肝及鱼子；
6）最好避免食用热带地区捕获的鳗鱼。
报告船长，检查完毕，这条鱼可以食用！
欧欧，你太心急了，不能只凭一点来判断鱼有没有毒，电鳗其实是有毒的。不过有毒的部位是内脏，只要不吃内脏，还是很安全的。我处理好了，现在大家可以开饭了。
船长万岁！
船长，我要报告一个不幸的消息，我们没有带盐，欧欧把盐错买成糖了！
还好！我留了一手！
盐
欧欧，你懂什么啊？
吃饱了看星星都有种别样的情绪。
小熊星座和大熊星座他肯定认识。
那是当然，北斗七星是大熊星座的一部分，小熊星座的尾巴就是北极星嘛。
小熊座
大熊座
大、小熊座

咦？我怎么觉得北极星的位置好像变低了。
北极星的位置怎么会变？
一二，你错怪欧欧了，这次他没有弄错，北极星的位置确实变低了。
救星
？
那时没有精准的航海工具，测量误差很大。哥伦布认为先南下到达与印度相同的纬度后，再直线往西航行就可到达印度。可实际上发现的只是加勒比海巴哈马群岛的一个小岛。
那只要把自己置于与目的地相同的纬度线上，然后保持在这条线上航行，总能到达目的地。地球是圆的嘛。
那倒不是，这种技术被称为“纬度航行”，它测量纬度比较成功，但确定经度却非常困难。
好厉害！只要找到北极星，就能找到正确的方位了吗？

北极星相对于地面的仰角和观测者所在的纬度有关，比如，青岛的纬度是北纬36度左右，当你观测北极星时，北极星就会在正北离地面36度；我们刚从三沙市出发不久，三沙市的纬度是北纬16度左右，现在北极星就会离地面16度，所以确实是变低了。

以前北欧海盗或者探险者在大海航行时，就会利用这个原理来判断自己的位置。他们用两根顶端连接的杆子，底下一根与地平线平行，上面一根对准北极星，这样测出北极星的角度就能判断他们所在的位置。这种工具叫十字测天仪，也叫“雅各棒”。

哥伦布，你也错了

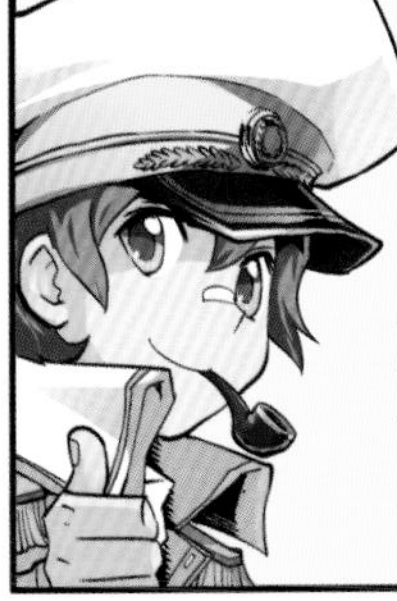

到死我也不承认。
哥伦布

公元1492年，意大利航海家哥伦布航行至美洲时，误以为所到之处为印度，因此将此地的土著居民称作“印度人”。后人虽然发现了哥伦布的错误，但是原有称呼已经普及，所以英语和其他欧洲语言中称印第安人为“西印度人”，在必要时为了区别，称真正的印度人为“东印度人”。汉语翻译时直接把“西印度人”这个单词翻译成“印第安人”或“印地安人”，免去了混淆的麻烦。

为什么古代海盗船长都是“独眼龙”

…

我们经常可以在西方电影、电视剧中看到中世纪的海盗船长一般都是独眼龙，用一个黑色眼罩遮住一只眼睛。这是为什么呢？也许是因为船长要靠一只眼睛来导航有关。这种“雅各棒”是很简单的实用仪器，对海盗而言，只要利用同样的原理，一只手臂、一根大拇指或者两根棍子都可以用来做测量工具，不过误差就会比较大了。海盗船长需要经常闭着一只眼睛来使用“雅各棒”，所以在后来他们的艺术形象就变成独眼龙了。

那按照你的意思，在北极，北极星会在头顶；而在赤道地区，北极星刚好位于地平线上。
没错，在南半球地区，北极星永远不会升出地平线，所以在南半球，你是永远看不到北极星的。

地球是很公平的，居住在南半球的人看不到接近北天极的星。而居住在北半球的人也很难看到接近南天极的星，你们之前有见过南十字星吗？
南半球的人永远都看不到北极星了，这太可惜了。
怎么看不到这个星座？
那很正常，北半球大部分的人都看不到这个星座，中国也只有北回归线以南的几个省份才能完整看到它。
它在南半球的重要性就像北半球的北极星一样，很多南半球的国家国旗上都有南十字星。
小测验
左面哪个国家的国旗上，没有南十字星的标志？
A.巴拿马　B.澳大利亚　C.新西兰　D.巴西
答案是A，只有巴拿马是北半球国家，国旗上面自然不会有南十字星。
我好晕啊。
我好想吐。
糟糕，看起来你们俩晕船了。
一个淑女怎么能在大家面前呕吐呢？
别难过，小樱，这不是生病，是身体的自然反应。
见风说得对，晕船现象并不算是疾病，而是你不能适应过度的摇晃。这是身体所表现出的一种反应。
我现在头晕目眩、直冒冷汗，整个人恶心难受，你居然说我不是生病？
我晕
有些人只要乘船或坐车就会出现晕眩的症状。这是因为人的平衡感受器位于耳朵的内耳里，当身体移动时便有讯息沿着神经传到大脑，再从后脑传到头颈及四肢，以调整平衡。但是有些人的平衡感受器特别敏感，神经系统反应也较剧烈，一旦遇到过度摇晃便会使交感神经及副交感神经兴奋而出现晕眩的症状。
我是平衡感的关键。

多变的海洋

掉入大海后，你最好采用哪种游泳姿势

在大海上遇到沉船时，乘上救生艇会比较容易存活下来。可是如果没有救生艇而不幸掉进海里时，哪种泳姿才是最有效的求生方式呢？

狗刨式——这是种利用手心将水划开的游泳方式。当你身上穿上救生衣时，狗刨式是最好的游泳方式。虽然速度会比较慢，但是却比较省力。

蛙泳——当海面有油渍、垃圾或大浪时，蛙泳是最适当的游泳方式。使用蛙泳不但可以自由调整体力及速度，而且适合长距离游泳。

仰泳——当水中有爆炸震波或水面上有火焰时，仰泳是最适合的游泳方式。仰泳可以让两只手臂轮流休息，若有其他落水者需要救援时，也可以采用这种游泳方式。

侧泳——是救援他人时的最佳游泳方式，因为泳者可以使用一只手来游泳，另一只手救援其他人。

寒流是世界海洋中海流家庭的重要成员，它作为寒冷海洋的使者，从高纬度或极地海洋流向中低纬度地区，给所有流经的海域带来一片清凉的气息。

啥叫洋流

洋流又称海流，是海洋中除了由引潮力引起的潮汐运动外，海水沿一定途径进行大规模地流动。引起海流运动的因素可以是风，也可以是热盐效应造成的海水密度分布不均匀。前者表现为作用于海面的风应力，后者表现为海水中的水平压强梯度力。加上地转偏向力的作用，便会造成海水既有水平流动，又有铅直流动。由于海岸和海底的阻挡和摩擦作用，海流在近海岸和接近海底处的表现和在开阔海洋上有很大的差别。

以前的纽芬兰渔场是怎么样的?
1534年，纽芬兰是由西欧航海家约翰·卡波特意外发现的，这里盛产鳕鱼，夸张到有“踩着鳕鱼群的脊背就可上岸”的说法。几百年间，它一直兴盛不衰，大家以为这里的鳕鱼多到永远也捕不完。

哇，寒流好可怕，我讨厌寒流!
小樱，你错了，寒流是必不可少的，因为有流动，寒带的海水才不会太冷，热带的海水也不会太热。

为什么寒暖流交汇会形成渔场?

寒暖流相汇合时会将海底的营养物质转移到海水上层，它们会给鱼类提供天然食物。
还有就是许多鱼类是随洋流运动的，所以在寒暖流交汇的地方，鱼群自然比别处密集，而且周围的温度不会相差太大，既不太冷，又不太热，喜温的鱼可以在暖流这边，喜冷的鱼就待在寒流那边。

世界四大渔场

1.**北海道渔场**：是由日本暖流与千岛寒流交汇形成的。

2.**纽芬兰渔场**：是由墨西哥湾暖流与拉布拉多寒流交汇形成的。

3.**北海渔场**：是由北大西洋暖流与东格陵兰寒流交汇形成的。

4.**秘鲁渔场**：是由秘鲁沿岸的上升补偿流形成的，秘鲁寒流是深层海水上涌。

寒暖流交汇会形成天然渔场，世界四大渔场除了秘鲁渔场其余都是寒暖流交汇形成的。我国著名的舟山渔场也是寒暖流交汇形成的。
很可惜，其中的纽芬兰渔场已经名存实亡了。

柯北，我有一个问题，你刚才说风一吹海水就会动，这就是所谓的无风不起浪，可是我以前也听说过这样一种说法叫“无风三尺浪”，这不是互相矛盾吗？
这两句话都没有错。
柯北，别欺负一二了！这样一说，一二更加不明白了。
“无风不起浪”指的是风浪。当风来找海水一起玩耍时，海面上就会起浪花，而且，风大浪也大，浪花还会跟着风儿走。基本上，风往哪里吹，海浪也往哪里跑。
那要是风玩累了，停下来或者吹去了别的地方，浪花却还没有玩得尽兴，怎么办呢？
风
浪
这时，海面上还有剩余的浪。虽然没有风继续推着它走，但它还是会继续向前，这就是“无风三尺浪”了。这一种浪，我们把它称为涌浪。它一般是由别处的风引起了海浪，再传播过来的。
海浪是发生在海洋中的一种波动现象。我们这里指的海浪是由风产生的波动，其周期为0.5秒至25秒，波长为几十厘米到几百米，一般波高为几厘米到20米，在罕见的情况下波高可达30米以上。据记载，最大的海浪出现在1995年的北大西洋，海浪高达30米。这种巨大的海浪携带着大量能量将波峰推向海岸。
有时候，大海还会突然生气。水下的地震会引发海水的巨大波动，然后，海啸携着巨浪席卷而来。这种情况，也属于无风起浪。
生气
大海的脾气真不好，真像女孩子的怪脾气。
你说什么？这是性别歧视！
见风没有说错。
好奇怪，大海变成红色的了！
不好，又发生赤潮了。赤潮是一种反常的污染现象。
因为人类将许许多多的污水排入大海，这些污水侵袭大海后，大海就像中毒了一样，身体里的某些成分会严重超标。而这些严重超标的物质，正是某些藻类最喜欢的食物。于是，这些藻类开始疯长。它们密密麻麻地充斥在大海里，让原本蔚蓝的大海变成了它们的颜色。许许多多的海藻挤在一起，就会把周围的海水映成红色。
引发赤潮的生物还会分泌出黏液，牢牢地粘在鱼儿们的鳃上，让可怜的鱼儿窒息而亡。
被毒害的海洋
海洋遭受着有史以来最严重的污染。石油泄漏会对企鹅等野生动物产生致命的伤害。漂浮在海水中的塑料垃圾会对海豹、海龟和海鸟等动物的生命形成威胁，它们可能被垃圾缠住，或是误食这些垃圾。船舶引擎的噪音会妨碍鲸鱼辨别方向，使它们搁浅在海岸上。

“赤潮”，被喻为“红色幽灵”，国际上也称其为“有害藻华”，赤潮又称红潮，是海洋生态系统中的一种异常现象。它是由海藻家族中的赤潮藻在特定环境条件下爆发性地增殖造成的。海藻是一个庞大的家族，除了一些大型海藻外，很多都是非常微小的植物，有的是单细胞植物。根据引发赤潮的生物种类和数量的不同，海水有时也呈现黄、绿、褐等不同颜色。
俗话说害人终害己，这些疯狂的藻类因为大量的繁殖最后导致自己种群的过量死亡。
你们闻，怎么有股臭鸡蛋的味道？
这很正常，藻类死亡后，尸体会释放出很多毒气，让海水变得黏糊糊的，甚至发出臭味。而且，一旦海水被赤潮污染，就会产生大量有害气体和毒素，严重污染海洋环境，使海洋的正常生态系统遭到严重的破坏。
海和洋，其实不完全是一回事。你看地图上的海洋，有的标着太平洋，有的却标着渤海，这当然是有区别的。
吁——
吁——
吁
柯北说得没错，我们平时总喜欢把海和洋合在一起，叫海洋，可它们其实并不是一回事。洋和海，是一家子里的兄弟俩。海洋广阔的中间部分，称为洋，全球一共只有4个大洋，它们的名字叫太平洋、大西洋、印度洋和北冰洋。这4个大洋加在一起，就占了海洋总面积的89%！
兄弟俩
那我们以后不能吃钓上来的鱼了？
我们最好尽快离开近海去远洋，远洋不太容易发生赤潮的现象。
安全
为什么远洋不容易发生赤潮？
因为赤潮是由于水体的富营养化造成的。近海区域的河流入海口较多，工业污水、生活污水都排放在近海，由河流带来的营养物质也较多，比较容易发生赤潮。而到了远洋海域，物质就被稀释了，毕竟大海的自我净化能力还是不错的！
海和洋不一样吗？
比起洋，海就小巧得多了。它挤在洋和陆地的中间，充当着海洋这个“大家庭”的“门面”。世界上最大的海——珊瑚海的面积大概跟半个中国差不多大，可是比起洋，这实在是“小菜一碟”呢！
大海的自白书
人类管我叫大海，跟我的哥哥大洋一比，我真惭愧啊！我的哥哥大洋的性格比我平稳，水色更蔚蓝，透明度也很大，而且水中的杂质很少，盐分也大都稳定在35‰左右；可是我这个弟弟就要“任性”得多，因为离陆地近，受到陆地影响，经常变来变去的，就像个心情变换不定的人！
海，是洋与陆地之间的一部分水域。水域面积较小，深度浅；水文特性易受洋和陆地的影响，盐度低，透明度小，而且随季节而变化，几乎没有自己独立的海流和潮汐系统。根据其位置可分成内陆海和陆缘海。内陆海大部分被大陆包围，它通过海峡与大洋或其他海相连，如渤海及位于亚、非、欧三个大陆之间的地中海等。洋，远离陆地，是海洋的中心部分。水域面积大，水很深；盐度几乎不变并且较高，透明度较大，水色呈蓝色或天蓝色；有独立的海流和潮汐系统，有独立的大气环流系统。大洋之间的水可以自由流通。
哥哥 大洋
弟弟 大海

不仅是面积，就连身高，海也比洋矮了一大截呢。海从海底到海面的距离不超过1千米，可洋却在1千米以上。即使是个子最小的北冰洋，它的身高也有1100米！
洋
海
我们每天都使用大量的水，地球上的水会取之不尽吗？
一二，如果从太空中看地球，你就会发现它是蓝色的。
那么漂亮啊！
是啊，地球表面70%以上的面积都被水覆盖着。如果地球是个人，水就像是它的血液，一旦没有水，地球上就不存在生命了。不过，地球上能喝的淡水是非常有限的。
海水不能变成淡水吗？
会啊，从海洋中蒸发的水蒸气形成了云，云被风吹到陆地上方，陆地上蒸发而成的水蒸气形成了更多的云。最终，这些云变成雨和雪降落下来，渗入土地，注入小溪或河流，重新汇入海洋。整个循环是将咸水转化为淡水的过程。
① 阳光照耀海洋。
② 海水蒸发到空气中。
③ 水蒸汽冷凝形成水滴，进而形成云。
④ 如果足够多的水滴凝结在一起，水滴将变得足够重，从而在下雨和下雪时降落到地面。
⑤ 一些雨水积聚在沟渠中。其余的雨水通过河流流回海洋。
信天翁的自动过滤器
信天翁能一连数月甚至常年在海上生活。信天翁能直接饮用海水解渴，这主要归功于它的秘密武器——鼻部构造。它的鼻孔像管道，在鼻管附近有去盐腺，这是一种奇妙的海水淡化器，它能把喝下去的海水中过多的盐分隔离，并通过鼻管把盐溶液排出。以后人们相继发现许多海洋动物都有把海水淡化的本领，如海燕、海鸥、海龟和海水鱼……
哇，水这样不断地循环，每条河流最终都流向大海吗？
不是的，有些河流就没有入海口。
只要到我国的西部地区，你就能一睹它的风采了。因为天气干旱，所以河流就会显得特别孤单，它们非但没有其他小河来补充水源，就连自己也会很快蒸发掉。
那些直接或间接流入海洋的河流叫外流河，内流河指那些不能流入海洋、只能流入内陆湖或在内陆消失的河流。
在哪里能欣赏到内流河呢？
更加糟糕的是，山脉阻挡了河流入海的道路。西部地区有许多巨大的盆地，盆地四周被高山包围着。
它们只好就近在附近的湖里安家。甚至，有些内流河在流淌的途中就彻底蒸发，消失不见了。
这就像是一场跨栏比赛，虚弱的河流水量小，无法跨越障碍物，于是，就输给了高山。
塔里木河
塔里木河是中国最大的内流河，“塔里木河”在维吾尔族语中有“种田”的意思，因为当地的人们都依靠塔里木河的水源来灌溉田地。塔里木河由发源于天山的阿克苏河、发源于喀喇昆仑山的叶尔羌河以及和田河汇流而成，流域面积19.8万平方千米，最后流入台特马湖。它是中国第一大内流河，全长2179千米。

乌云滚滚，大风呼啸，看来要下暴雨了。
正好，我要洗个澡。
下大雨，你洗什么澡?
天上好像下鱼了!
你本来不就在等下雨吗?
是鱼!
为什么天上会下鱼?
龙卷风很好客，它把所经之处所有的东西都卷上天后并带着这些东西一起旅行。有的物体甚至能随风在空中飞行数百千米。一旦龙卷风减弱，它们会从天而降形成形形色色的怪雨，比如蛇雨、青蛙雨、高尔夫球雨。
这次怪雨的元凶可能是海上的龙卷风。急速旋转的龙卷风吸力极强，可以把海洋中的水连同水里的鱼虾吸上几万米的高空……
龙卷风
龙卷风是一种相当猛烈的天气现象，看起来它就像是从积雨云底下垂到地面的象鼻子似的长管。由于龙卷风快速旋转并形成直立中空管状的气流，管中气流高速旋转，离心力极大，它所经之处，地面物体纷纷上天，甚至可以掘开地面把埋藏的银币和粮食统统吸上天，被卷上高空的物体通过强风携带会一股脑儿地倾倒在毫无准备的人或建筑物之上，形成规模不等、形式各异的“雨”。

仔细阅读本章，你就能回答出以下问题：

- 海水里的盐是怎么来的？
- 为什么咸涩的海洋中却蕴藏了丰富的淡水资源？
- 怎么判断海里的荒漠和沃洲？
- 怎么用潮汐发电？

海上惊魂

大海总是变幻无常，有时平静，有时脾气暴躁。而疯狂探险团就是这么不巧，竟然遇到了海啸这个“不速之客”！不过，幸好只是虚惊一场。再次深入海底，各种神奇动植物令探险团成员们大开眼界。就在他们醉心于奇幻的海底世界时，危险却在慢慢靠近……

登陆热带小岛

上岸，上岸！
我看到了一个岛，我们去岛上休息一下吧。
不长面包的猴面包树
在非洲以及某些地中海、大西洋和印度洋的岛上，乃至澳洲北部都可以看到猴面包树。当它果实成熟时，就会有成群的猴子爬上树分食果实，猴面包树因此得名。猴面包树能在雨季大量地吸收水分并把水分贮藏在肥大的树干里，这样，即使在干旱的季节，猴面包树也能安全度过。
高度：10~20米
直径：50米
这些树好奇特，树干粗得就像一个啤酒桶。
它结的果实有足球那么大。
这是猴面包树，它的果实甘甜多汁，很好吃。
不仅如此，猴面包树还能变成房子呢。在南非，有一个著名的猴面包树酒吧，就开在猴面包树的树洞里面。
哇，好甜！
无时无刻不在注意形象
大海里要是有淡水就好了。
说什么傻话，大海不都是咸的吗？怎么会有淡水？
哈哈，一二，你这就冤枉欧欧了，大海里真的有淡水。
我和我的小伙伴们都惊呆了！
猴面包树浑身都是宝！
哇，好多水啊！
猴面包树有它独特的“脱衣术”和“吸水法”。每当旱季来临，为了减少水分蒸发，它会迅速脱光身上所有的叶子。一旦雨季来临，它就利用自己粗大的身躯和松软的木质代替根系吸收并贮存水分，待到干旱季节慢慢享用。当它吸饱了水分，便会长出叶子，开出很大的白色花。据说，猴面包树能贮存几千千克甚至更多的水，简直可以称为荒原中的贮水塔
我先讲一个故事。很久以前，在茫茫的大海上，有一位船长带着船员航行了数日。不幸的是，他们的淡水耗尽了，附近又找不到港口。口干舌燥的船员快要渴死了，突然，他们发现，前面的海洋里有一块地方，颜色和周围不一样。他们从那里打水喝，尝了一口，惊喜地叫了起来：“是淡水！”这个奇迹般的意外，解决了所有船员的饮水问题。

从不骗人
柯北，你骗人，这只是故事，怎能当真？
当然是真的，在福建的古雷半岛附近，就有一片奇异的水域。如果你有幸在那儿舀起一勺海水尝一尝，就会发现一点儿也不咸！
原来，这是海底的喷泉在起作用。几十万年前，有些海底还是一片陆地，有众多的河流和湖泊。于是，有些淡水悄悄跑到地下躲了起来。后来，又发生了多次沧海桑田的变化，让这些淡水“搬”到了海底。不过，它们可不安分啊，变成了一口口喷泉，源源不断地喷出强大的淡水流。

为什么咸涩的海洋中却蕴藏了丰富的淡水资源

科学家经过艰辛探索，提出不少试图解释这个问题的相关理论。渗透理论认为，海底淡水来自陆地。海洋中每年有33万立方千米的海水被蒸腾化为雨雪降到陆地上，一部分渗入地下，遇到不透水的岩层便形成蓄水层，如果蓄水层靠近大海，淡水就有可能透过海岸流入海底的岩层中。凝聚理论认为，地面上的淡水渗入海底只能达到一定界限，但实际上在这一界限以下仍有淡水，显然这些淡水不是来自陆地，而是空气中的水蒸气凝聚而成的。岩浆理论认为，地球深处存在的放气带释放出数量惊人的气体，其中大量的氧气与氢气结合便形成了岩浆水。沉降理论则认为，地下水的起源与海底沉积物的沉积过程相联系，海水中携带的大量泥沙一层层地沉积在海底，下层的沉积物在重力的作用下把水分挤出来，被挤压的水又随沉积物的下降被带入地层深处，于是形成了地下水。不过，截至目前，关于海洋中的淡水到底是如何形成的，科学界仍然没有统一的答案。

真相只有一个
这些喷泉有着很强的力量，可以顶开周围的海水，一旦积少成多后，它们便有着自己的独特领地。

哇，如果运气够好，一路喝着这种喷泉水该多好！
偷懒
小樱的想法很好，可是海底喷泉实在太淘气了，你完全不知道它会在什么时候突然冒出来！

我倒可以给你推荐一个地方——舟山群岛，在那里就有海底喷泉的“小弟”——海底淡水井。不过，它是人造的。为了让海岛上的居民能喝上淡水，地质队的研究员特意开发出来的。
海水中的盐主要有两个来源：一是海洋形成的时候，由于大量降雨和火山爆发，火山喷发出来的大量水蒸气和岩浆里的盐分随着流水汇集成最初的海洋，海水就咸了。不过，那时的海水并没有现在这样咸。后来，随着海底岩石可溶性盐类不断溶解，加上海底不断有火山喷发出盐分，海水逐渐形成。二是陆地上河流流向大海的途中，不断冲刷泥土和岩石，把溶解的盐分带到了大海之中。
柯北，你是要把猴面包树的果实拿来烤吗？

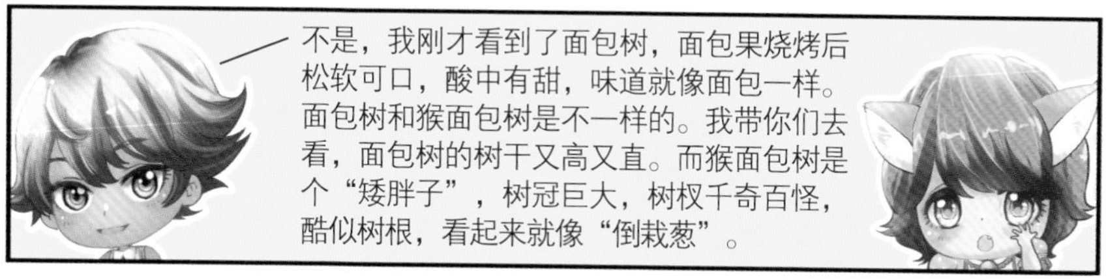
不是，我刚才看到了面包树，面包果烧烤后松软可口，酸中有甜，味道就像面包一样。面包树和猴面包树是不一样的。我带你们去看，面包树的树干又高又直。而猴面包树是个“矮胖子”，树冠巨大，树杈千奇百怪，酷似树根，看起来就像“倒栽葱”。

到底面包树该怎么吃？
小樱、一二，你们找点树枝来点火。欧欧、见风，跟着我摘果子！

看我摘的果子多大！
光是大没有用，你看厚厚的表皮上蒙了一层白肉，这种还没有熟。一定要选表皮已经变黄的才行。
真好吃，我们带点回船上吧。
它不易保存，我们不能拿回船上去当储备粮。
没事，我们可以把它做成发酵的面团，那就可以长久保存了。
自制“面包”
面包树是许多热带地区的主食，波利尼西亚人在航海探险时通常携带此树的树根，以便在其他海岛上种植。它的果实淀粉含量非常丰富，食用前通常以烘烤或蒸、炸等方法制作，烹煮后味道与面包和马铃薯相似。一棵面包树一年可结200颗果实，是食用植物中产量最高的一种。
你们快看，这时候的海浪很奇怪啊！
一层白色的巨浪将蓝天和大海明显地分成了两半。
一二，快回来！
逃命要紧！
为何要逃命？
我们要赶紧逃命了！这些鱼虾在警告我们海啸就要来了！
海啸？刚才海面上还风平浪静的，怎么会有海啸呢？
欧欧，海底非但不平静，相反还很危险呢。在广阔的海面下，海底的地形其实很复杂，就像陆地上一样有高山和深壑。所以海底也会有地震、火山喷发、山体滑坡的情况。这些灾难伴随着巨大的破坏力，会引起海水强烈波动。它就像一只强有力的幕后黑手，推着汹涌的波涛迅速冲上海岸，这就变成了可怕的海啸。
我在电视里见过海啸的新闻，一座海岛遭到海啸袭击，大片土地被海水淹没，岛上的建筑物只剩下断壁残垣，太可怕了！
我不信，我看过凡尔纳的科幻小说《海底两万里》，尼摩船长能驾驶着潜艇在鱼儿和珊瑚之间来去自如，海底肯定是很平静的。
别怕，大海有时候脾气暴躁，但是我们只要了解了大海的脾气，也能把灾害变成好事。
有什么好事啊？
海浪如果用来发电，效率是风能的1000倍，而且，当发电装置化解了海浪的力量后，海里就会变得很平静。

海啸跟洪水不一样，它一般是由风暴、海底地震或者火山喷发造成的。有时，海底会突然裂开一个大口子，于是大量的海水陷了下去，这时海面就会迅速后退。然后，由于海水反弹再冒出来，便产生巨大的能量，向岸边扑过来。
海啸不就是到处都是水，把什么都淹没了，看起来和发洪水一样吗?
错了，海啸和洪水是不一样的，洪水的源头是在陆地上，海啸的源头是在海里。海啸是一种可怕的现象，海啸就像一面快速移动的巨大水墙，残忍地吞没沿途的一切东西。
别怕，不幸中的万幸是，海啸虽然可怕，但它发作的时间很短，能移动的距离也不远。所以，我们已经在远离海岸的地方了，你们不用担心。
你刚才说海啸也有可能是因为海底的火山喷发造成的?俗话说“水火不相容”，水里面根本就点不着火，怎么可能有火山?
海底不但有火，甚至还能产生爆炸呢。
是的，在海平面之下，确实有着数量可观的火山。就像陆地上会发生火山爆发一样，会喷发出火热的熔岩。
是不是可以用我们的深海潜水器观看海底火山爆发?那一定很壮观!
什么，还会爆炸?
即使是深海潜水器的金属外壳，也抵挡不住岩浆的高温!不过熔岩一遇到海水会急速冷却。这些冷却的熔岩，看上去就跟我们早上挤出来的牙膏的造型差不多。只不过，这种牙膏虽然外面已经变得冰冷，但是内部却依然十分灼热。
哇，海底火山太可怕了!
也不能这么说，海底火山还有一个特别神奇的功能，就是制造小岛。
什么?小岛也和海底火山有关?
当然，浅海的海底火山剧烈的喷发后，大量的岩浆就会形成新的小岛。
别怕，海底火山和陆地上的火山一样，也包括活火山和死火山。既然已经形成了小岛，附近的火山就已经不在活跃期了。
这么说来，有小岛的地方就离火山不远了，我们现在岂不是很危险?
有的小岛还会移动，比如中国的台湾岛，其实是有种力量在推着它走。
要是能坐着小岛去旅行那该有多好啊!

怎么用潮汐发电

每天涨落的潮水里蕴藏着巨大的能量，只要在潮汐涨落比较大的海边修一条水坝，建几道闸门，再装上水轮机，利用水流冲击水轮机，带动发电机就可以发电了。每天潮汐产生的能量能发四次电，涨潮越高，发的电越多。

海啸和洪水的区别

海啸虽然是个“不速之客”，但它也不会毫无预兆地到来。它来时，地面会产生强烈的震动，再过一段时间，海啸形成的巨大水墙才能到达海岸。所以，即使遇到海啸，也是可以及时逃脱的。

比起海啸，洪水产生的原因就复杂多了。暴雨、冰雪的突然融化都会引起江河的水位迅速上升。而洪水的泛滥是可以持续很长时间的，这时沿岸的人们都会遭殃。因为它的波及范围更广而且危害时间长，所以洪水是比海啸更加棘手的“家伙”，被称为自然界的头号杀手，海啸的危害不能与其相比。

小岛的形成

海底本来就充满了危险，海底火山的喷发就更加可怕了，炙热的岩浆和剧烈的爆炸随时可能让潜艇葬身海底。只有用于科学研究的特殊制造的潜艇才可以胜任观测海底火山的任务。如果你只是想体会一下地热的温暖，那只需要找一处温泉，去舒舒服服地泡个澡就可以了。

太平洋板块很好斗，除了经常和亚欧板块打架，它还喜欢挑衅澳大利亚地质板块。而倒霉的新西兰就被殃及池鱼了。新西兰这个国家有两个大岛，叫南岛和北岛。这两个岛屿也被推着一点点地靠近澳大利亚。
那很好啊，我们就可以坐着小岛去旅行了。
小岛确实会游泳，但是它游得比乌龟还慢。小岛每次前进的距离只有一毫米，你要有耐心才能观察出变化。
不仅小岛会移动，就连山峰也能长高呢
珠穆朗玛峰是世界第一高峰，欢迎你去攀登。不过，你需要爬上八千多米，才可以领略它的风采！对了，告诉你一个小秘密，那就是，珠穆朗玛峰和你一样还在“长身体”呢！每一年，它都会长高几毫米。而它“长高”的原因，和小岛移动的原因是一样的。你能分析出来是什么原因吗？
哈哈，你们都被骗了！海绵虽然被称作海中的花和果实，但人家其实是一种动物！而且，海绵的性格一点都不软绵绵的，有的海绵还会分泌毒液，有的海绵还有刺——它们可凶猛了！
多孔动物门大约是5000种原始多细胞水生动物的统称。目前，海绵被认为是最原始、最低等的水生多细胞动物。生活在海水中的海绵，多数是灰黄色、褐色或黑色的块状物。它的体表有许多凸起，凸起的旁边有许多小孔，凸起的顶端有一个大孔。海水就从小孔流进去，又从大孔流出来，那些微小的生物随着水流进入海绵体内，成为“自投罗网”的食物。所以，海绵虽然被称为“海中的花和果实”，看上去似植物一般，但实际上是一种动物。
我们平时用来洗碗的海绵居然是一种动物？
我们在生活中见到的都是人造海绵。只是模仿了真正的海绵的“多孔结构”而已。
海啸过去了，这下我们可以乘坐“蛟龙号”到水下看一看了。
看，它们都盖着被子！
这就是海中的“花和果实”——海绵！
这么漂亮，肯定是花！
我看呀，海绵一定就是果实！海绵宝宝就是生活在一只凤梨里的！
什么叫多孔结构啊？
多亏了显微镜的发明，人类才得以看清海绵的庐山真面目。它没有嘴，没有消化道，也没有神经系统，只有一个个布满全身的小孔。这些小孔就像筛子，可以通过过滤海水给海绵提供氧气和食物。
别看它小，海绵已经在地球上生活了5亿多年，是人类和其他所有动物的祖先！
哇，那么久远的历史！
海绵长寿，首先这得归功于它超人般的再生能力。就算你把海绵撕成碎片，它的每一块碎片也能重新长成一个完整的海绵。海绵的人缘也非常好，它甘愿充当其他海洋生物的“棉被”和“铠甲”，与它们互惠互利、共生共栖。

人类也很需要海绵，人类很早就开始采集海绵来洗澡、擦碗。最近，科学家们又开始研究用海绵来净化海水、治疗疾病。
哇，海绵全身都是宝啊！
什么？海绵居然还是我们的祖先！我的祖先应该是头驴！
欧欧，你想吃小虾米吗？
在海绵里有很多成对的小虾，它们会把海绵当成居所。
哪里？哪里有小虾米？
天下没有免费的午餐，小虾要为海绵提供清扫的服务，它们要充当清洁工，为海绵清理垃圾。
没错，劳动最光荣。欧欧，你换上潜水服，去给我们弄点小虾米回来。

我还会回来的！
我的潜水服被珊瑚勾破了。
珊瑚这么好看，居然是有毒植物啊！
欧欧，快回来，珊瑚有毒的！
珊瑚虽然颜色鲜艳夺目，样子又如灌木丛一般，可是它不是植物哦。

不对，珊瑚既不是动物也不是植物。
我知道了，它像海绵一样，也是动物。

珊瑚礁的秘密

珊瑚礁享有“海洋中的热带雨林”和“海上长城”等美誉，被认为是地球上最古老、最多姿多彩、也是最珍贵的生态系统之一。珊瑚在长达2.5亿年的演变过程中保持了顽强的生命力，不论是狂风暴雨、火山爆发还是海平面的升降，都没有能让珊瑚灭绝。珊瑚礁是造珊瑚礁及其他造礁生物长期钙积累而成的一种礁石。

珊瑚礁多见于南北纬30度之间的海域中，尤以太平洋中部、西部为多。按形态划分，有裾礁（岸礁）、堡礁、环礁、桌礁及一些过渡类型。据估计，全世界珊瑚礁连同珊瑚岛面积共有1000万平方千米。珊瑚礁生长速度一般为每年2.5厘米左右。

海底奇遇

珊瑚礁到底是什么呢?
它们那么小，是怎么建造出珊瑚礁的呢?
你们快看，我在海底捡到了黄瓜。
海里有一种小动物叫珊瑚虫，珊瑚礁就是它们的家。珊瑚虫很小很小，每一只珊瑚虫都只有米粒那么大，但是它们能吸收海水中的钙和二氧化碳，然后分泌出石灰石，变为自己生存的外壳。
人多力量大嘛！珊瑚虫一群群地聚居在一起，经过一代代地新陈代谢，生长繁衍，不断分泌出石灰石，并粘合在一起，最后这些石灰石经过压实、石化，形成岛屿和礁石，也就是所谓的珊瑚礁。
海参
海参的身体比其他棘皮动物都柔软。它们的身体前端是口，后端是肛门。口周围环绕的触手将水中的食物微粒送入口中。为躲避敌害，有的海参会将内部器官从肛门喷射出来。
哈哈，这次欧欧可没有说错，他捡到的就是“海黄瓜”，大名叫海参。
你捡到了什么怪东西?
别看它名字像是植物，其实它跟海绵一样也是动物。
它是动物，为什么一动也不动?
刺
夏眠?
那是因为它在夏眠。
一二，别太羡慕了!
那我换套潜水衣，赶紧把海参放回去。
对了，柯北，海参会呼呼大睡，鱼会睡觉吗?
怎么可能，我养的鱼，无论你什么时候看都是睁着眼睛的。
不是一般人
哈哈，鱼和人一样也会睡觉，不过鱼睡觉的时候睁着眼，所以一般人是很难辨别鱼是否在睡觉的。
你们知道动物为什么要冬眠吗?
答对了，海参的夏眠也是一样的道理。海参在夏天找不到东西吃啊!
我知道，有些动物在冬天找不到东西吃，需要冬眠来保存体力。
+10
海参的夏眠与食物有关，海参靠吃海底小生物为生。海底的小生物，对于海水的冷热变化十分敏感，当水温高时，它们就会上浮；水温低时，它们就会退回海底。夏天气温很高，海底的小生物会浮在水面上寻找食物和繁殖后代，但海参却只能在海底活动，迫于没有食物可吃，海参只好夏眠了。
潜水衣的奥秘
为了维持人体内外压力平衡，潜水员装备的呼吸筒必须经过特别设计。
为了避免患潜水员病，科学家为潜水员想到了一个办法，那就是用氦气和氧气混合供给潜水员呼吸。因为氦在人体里的溶解度小了许多，可以有效地降低潜水员病的发生概

鱼睡觉好比是人打盹儿，时间很短。而且鱼很警觉，这是因为它没长眼睑。
哇，鱼类不能眨眼呢，好可惜。
鱼类睡觉时间
不同种类的鱼，睡觉的时间也不一样，有些鱼是晚上睡觉、白天活动，有些则是白天睡觉、晚上活动。猜一下下面鱼类的习性。
泥鳅　鲤鱼　鲫鱼　鳗鱼　比目鱼　虎鲨
【答案】
晚上睡觉的鱼类有：泥鳅、鲤鱼、鲫鱼
白天睡觉的鱼类有：鳗鱼、比目鱼、虎鲨
因鱼的个体不同，视力也各不相同。目光最敏锐的鱼能看到15米远的地方。
为什么会相差这么大呢？
这是因为水不像空气那么透明。住在海水上层的鱼，一般需要白天捕食，因此它们的视力都比较好。而住在深海的鱼类则不相同，因为深海里光线很暗，它们的眼睛要么会因为丧失功能而退化，要么会为了适应环境，眼睛变得特别大，能够收集非常微弱的光线，甚至有些鱼还能自己发光。
海水不是蓝色的吗？怎么会很黑暗呢？
海水其实不是蓝色的，我们看到的海水呈现出蓝色，是因为阳光照射到海水里又产生反射。海水比较容易吸收光。
小樱，你别着急，我还没有讲完。当阳光照射到海水里的时候，所有的红光、大部分的紫光以及五分之四的蓝光，在水深50米的地方，都被吸收了。只有部分蓝色的光不被海水吸收，又反射回来。所以海水就呈现为蓝色。
可是阳光应该有七种颜色，太阳光照射到空气中的水滴，光线被折射及反射所形成的彩虹看起来就是七色的，为什么海水看起来却是蓝色的？
可是我在上海的黄浦江的入海口看到的海水是黄色的啊。
这很正常，越远离海岸线，海水颜色越清越蓝。在海的沿岸由于海水比较浑浊，阳光又在很浅的地方就被吸收，所以海水略带些黄色。有些河水呈黄色也是这个原因。
柯北，我们现在已经在海底了，为什么看出去海水还是蓝色的呢？
因为我们现在的深度还不够，水中不太深的地方看上去海水还是蓝色的，但是下潜再深一点，海底的光线就会非常昏暗，到水深1000米的地方，海底就一片漆黑了。
啊，欧欧，你为什么朝柯北喷墨汁？
对不起，我只是捏了一下乌贼。

墨水瓶里倒出来的是人造的墨汁，乌贼放出来的可是全天然的啊。乌贼还有章鱼在遇到凶猛的大鱼攻击时，会迅速放出墨汁，把周围的海水染黑，然后它们趁机逃走。
哈哈，欧欧，你是凶猛的大鱼。
你才是大鱼，你们全家都是大鱼！
乌贼墨弹
乌贼不仅能像鱼一样在海中快速游走，还会施放“烟幕”。乌贼体内有一个墨囊，囊内储藏着能分泌天然墨汁的墨腺。平时，它遨游在大海里专门吃小鱼、小虾，一旦有危害靠近，乌贼就立刻从墨囊里喷出一股墨汁，把周围的海水染成一片黑色。它会在黑色烟幕的掩护下逃之夭夭。它喷出的这种墨汁中含有毒素，可以用来麻痹敌害，使敌害无力追赶。但是乌贼墨囊需要相当长的时间积贮一囊墨汁。所以，乌贼不到十分危急之时是不会轻易施放墨汁的。
柯北，你怎么一直站着不动，还不快去洗把脸？
“冬不拉。”
柯北是说“动不了”，乌贼的墨汁含有毒素，即使大鱼在这种液体中也会失去嗅觉和辨别方向的能力。
外星语？
没事的，过一会儿就会恢复了。乌贼喷出的墨汁很有限。
那么危险！柯北怎么办？
见风，你先帮我鉴定一下，这是什么鱼？海里的生物千奇百怪，我现在不敢乱动了。
我们餐桌上的比目鱼眼睛都生在同一边，是因为它们都是大鱼了。这条是小比目鱼，所以长得不像。
你欺负我没有吃过比目鱼吗？比目鱼的眼睛都长在同一侧，这条鱼的眼睛长在头的两侧，怎么可能是比目鱼？
这条是比目鱼，它不会放冷箭的。
鱼类专家鉴定方式靠吃
比目鱼刚从卵中孵化出来时，它的眼睛也跟其他鱼类一样，是生在头部两侧的，这时它们非常活跃，时常游到水上玩耍。但是，经过二十天左右，身体各部分开始发育得不平衡了。
怎么不平衡？
哇，柯北，你好了，能说话了。都是我害了你。
哇，小比目鱼好坚强，为什么要经历那么痛苦的过程呢？
身体一侧的一只眼睛开始向另一侧移动，经过背鳍，与另一侧的眼睛并列在一起。紧接着身体开始变扁。这个过程相当痛苦，比目鱼开始失去平衡。在这个阶段，很多小比目鱼撑不下去，夭折不少。大约经过一百天，鱼体完全失去对称，有眼睛的一侧转到身体上方，从此它就沉入海底开始生活。
这是为了适应海底的生活，比目鱼身体呈扁平状，扁扁的身体平贴在沙地上以承受海水的巨大压力，而它的双眼全部长在身体朝上的那一面。
比目鱼利用身体两侧不同的颜色来掩护自己，躲避敌人的袭击。比目鱼有眼睛的那一面是棕灰色的，和海底的颜色非常接近，不易被发现。拥有这样肤色的它就能躲过敌人的视线，并轻易地获取食物。

危险，一二，你别离开大家擅自行动！
哇，美人鱼，你们快看！
我觉得你们还是不要抱太大希望比较好，免得希望越大，失望越大。
见风，你懂什么？你没有看过《安徒生童话》吗？小美人鱼可美好了！
哇，美人鱼往上升了，你们还在磨蹭什么？
不行，一二没有穿潜水衣，往上游得这么快会有危险的，我们不能像一二一样冒险，我们赶紧穿上潜水衣上浮，以便接应一二。
一二，你快回来，危险啊！
我们跟一二一起赶紧游上去吧！
哇，好痒好痒！
一二，你怎么抓都是没有用的，你只能进高压舱治疗了。
高压舱是不是跟高压锅一样？我会变成清蒸猫咪吗？
不会的，你只是得了减压症，进高压舱加压就会好了。
“捡鸭症”？一二没有捡鸭子，只是追着美人鱼啊。
那是“减压症”！
是压力减轻不当才患的病。
这种病也叫潜水员病，顾名思义，这是潜水引发的症状。我们在地面上必须承受大气压力，到了水中，除了大气压之外，身体还必须额外承担水的压力。水的压力非常大，只要潜到水下六十米，人体所负荷的压力就是平时地面上的七倍。

我们要去的马里亚纳海沟那么深，那里的压力不是更大？
没错，在那么深的地方，如果不像潜水器一样用耐压材料的话，就算像坦克那么坚硬的大块头，也会被海水的压力压扁。
那么深的地方，连坦克都无法克服压力，那里是不是没有任何生命？
哇，它们是怎么活下来的？
那倒不是哦，那里有一些深海鱼类活得很好。
为什么鱼能生活在比空气中压力还大的水里，并且自由浮沉呢？这是因为在它们身体的背部，紧贴在脊柱下方，有一个秘密武器。
什么秘密武器？
那不就是鳔吗？有什么神奇的？
小樱，那我来考考你，鱼鳔是干什么用的？
那是一个充满气体的白色长囊……
这我还真不知道。
鱼鳔能帮助鱼在不同深度的水里活动，通过它放出或吸进的气体，来调节鱼身体的比重，使它适应周围的水压，这样就能保持静止不动了。深海鱼鱼鳔内的压力使它们可以在深海自由生活，可是一旦出水，压缩气体释放，鱼鳔就会胀破。
可别小看这小小的鱼鳔，软骨鱼没有鱼鳔，就不能使身体保持静止，只能靠不停地
各鳍的主要功能：
背鳍——辅助游泳
胸鳍——鱼体前进时转换方向
腹鳍——鱼体游向操控，或贴附在岩礁上，以避免被水流冲走
臀鳍——辅助游泳
尾鳍——推动鱼向前游行
胸鳍的功劳也不小，鱼能静止在水中，还要靠鳃后面的胸鳍帮忙。因为鳃在呼吸时，从鳃盖喷出的水，会产生一股将鱼往前推动的反作用力，因此，鱼就必须摇晃胸鳍来抵消这股力量，这样它就能停在水中了。
不光鱼鳔厉害，鱼的游动还要靠鱼鳍的作用。鱼会微微晃动背鳍和臀鳍，来防止自己东倒西歪，让自己能更加平稳地在水中畅游。
哇，鱼鳔那么厉害啊！
哇，鱼的身体结构好巧妙！
水越深压力越大，一二往上游怎么还得病呢？
我们的身体结构不适合在水中生存，所以才需要穿上潜水服。一二刚才不穿潜水服就往上游真是太危险了！
是这样的，压力增大了，气体的溶解度也会增大，一二血液中的气体含量这时会比平常高出许多，她刚才追着美人鱼浮上水面的速度太快，血液中多余的气体来不及跑掉，气体就会钻到皮肤里引起肌肉酸痛，严重时还会阻碍血液循环，造成身体缺氧，有生命危险。这就是所谓的潜水员病。

现为皮肤瘙痒。中度的话，四肢大关节及其附近的肌肉关节会痛。最严重的就是出现神经系统、循环系统、呼吸系统和消化系统障碍，幸好一二没有。
还好一二的症状很轻，她只觉得痒，没有觉得痛，这就不用太担心了。
会有生命危险？那么恐怖啊，一二不会有事吧？
我没事，大家别担心了。
你快跟他们说说美人鱼到底长什么样子。为了救你，他们可都没有看清美人鱼呢。
一二，美人鱼好看吗？
别提了，我是不是看花眼了，明明我远远看着那就是美人鱼，为什么等我游近了，发现美人鱼非但不美丽，还有点丑呢？
这就对了，你看到的就是传说中的美人鱼。
不可能，美人鱼怎么会是这样子的？我被骗了吗？
传说中的美人鱼在现实中其实是一类生活在海洋中的动物——儒艮。它们的外形很像海豚。
像海豚？那为什么叫美人鱼？
这是一个美丽的误会，儒艮妈妈在胸部有一对乳房，位置与人很相似。刚出生的小儒艮宝宝游泳能力差，有时儒艮妈妈会把它驮在背上，使“小家伙”浮出水面呼吸。
我知道了，一定是儒艮妈妈用前肢拥抱小儒艮喂奶，头、胸部露出水面，远远看起来很像人浮在水中。所以，人们才给它们取了个富有诗意的名字——美人鱼。
原来是这样，虽然儒艮妈妈外表不好看，但是她的母爱很伟大，这才是最美丽的精神，我觉得儒艮完全可以被称为美人鱼。
其实儒艮不是鱼，它是一种哺乳动物，儒艮宝宝跟我们一样是胎生。
哺乳动物啊，它怎么在海里生活呢？
它像陆生动物一样用肺呼吸，所以得不时地浮出水面换气。刚才它游得那么快就是因为要换气啊。

美人鱼的小秘密

儒艮多生活在热带和亚热带海域，在印度洋至东京湾及中国台湾和广东、广西附近海域经常出现。作为哺乳动物，儒艮是个大近视，但幸好它的嗅觉灵敏。它具有宽而平的牙齿，适合吃海藻和水草。它的胃同陆地上的牛一样，有四个室，便于充分磨碎、消化食物。这从一个侧面说明儒艮起源于陆地上的食草动物，后因某种原因才迁移到海洋中生活。

成年儒艮长4米，重200多千克，母儒艮怀胎5月，每胎产一子，刚出生的小儒艮重20多千克，先由母儒艮喂奶，半年后开始吃水草，但一直傍依母体身旁，两三年后，独立生活。其寿命约为30年。

那我们就来钓鱼吧！
不要讨论美人鱼了，我们来讨论点实际的问题吧。我的肚子饿得咕咕叫了。
过了一个小时了，还是一条鱼也没有钓上来！
情况不妙，我们好像遇到了海上的荒漠。
什么？海上也有荒漠？
咕咕
没错，海洋也像陆地那样，有荒漠，也有生命繁盛的沃洲。太平洋上美国圣迭戈市、夏威夷群岛和北纬5度、东经140度之间的一块海域，就是一片荒漠。那里从海面到196 米深的水域，几乎任何生物都绝迹了。
可这是为什么呢？
是因为那里的浮游生物很少。
学活活用
哦，我明白了，你之前说过海参为什么要夏眠，是因为浮游生物少的缘故。如果一片海域的浮游生物少，鱼类和其他海洋动物可食用的食物就更少了。
没错，欧欧说得对，海洋动植物的生活要看水温、含盐度，还有水里的氧和营养物质，而这些又都取决于海水的运动。
怎么判断海里的荒漠和沃洲
除了跟欧欧一样，靠抓不抓得到鱼来判断以外，还有一个更靠谱的科学标准。每立方米海水中，浮游生物的含量在100毫克以下，就可以称为“荒漠”；有些海域，浮游生物高于1000毫克，就是“沃洲”。
没错，浮游生物个体微小，只会随波逐流，肉眼看不见它们，但是它们在海洋里分布很不均匀。有的海域运气好，正好位于寒暖流交汇的大陆架海区，那里海水比较浅，能够直接接受到太阳辐射，海水垂直对流强烈，有利于浮游生物繁殖，同时江河入海又带来各种有机物质，为鱼类提供了丰富的饵料，那里很容易捕鱼，就是海上的沃洲了。
是啊，不幸的是，位于副热带高气压带的地区，海面上没有大风，就几乎没有垂直旋流，下层海水中的营养物质不能上升，浮游生物缺少丰富的食物，繁殖就少了。欧欧刚才也说了，浮游生物是鱼类的主要食物，缺少它们，鱼类和海洋动物就只能搬到有食物的地方。
海洋生物是看天吃饭啊。
海洋生物们是跟着浮游生物搬家了吗？
那我们赶紧往前开一点，离开这片荒漠。
没错，往前开一点，然后再把我们船上的集鱼灯打开，就能把鱼引来了。
集鱼灯是什么啊？听起来很

片，可别小看了小小的鳞片，同一种鱼，鳞片的形态大致上是稳定的。鳞片是鱼类分类上的重要依据，也可以用作年龄鉴定及鱼群系统的调查。根据鳞片的大小、形式及数目，我们就可以知道一条鱼的生活形态。

依据鳞片的外形、构造以及发生上的特点，可将鳞片分为硬鳞、骨鳞、盾鳞、柯斯敏鳞等。

硬鳞——硬鳞常在鲟鳇或多鳍类身上看到，鳞片坚厚，有的是借着铰链相连结。

骨鳞——一般分两种，圆鳞和栉鳞皆为硬骨鱼类最常见的鳞片。

本类鳞片最大的特征是在鳞片的表面有鳞纹，各部位也有特定的名称可以应用在鱼类的分类和年龄鉴定上。

片。由于此种鳞片的形成过程和牙齿相同，故又称为"齿鳞"。盾鳞可分为两个部分：

鳞棘——露在皮肤外面，且尖端朝后的部分。

基板——鳞片埋在皮肤内部的部分。

盾鳞一经形成大小就不变，不会随着鱼的成长而长大，但是老的盾鳞会不断地脱落，而新的鳞片会不间断地长出来替代。

柯斯敏鳞——一种常见于化石鱼类的鳞片。

有许多鱼类喜欢向光亮处集中，有趋光的习性。我在起航之前，就对渔船做了改造，加了一盏特别的灯。只要将这个灯打开，鱼群就会聚集起来，我们就可以用渔网捕捉了。

柯北说鱼喜欢光亮，我聪明吧！
欧欧，你这是在干什么？
手电筒这点光有什么用？
欧欧这次没错，最初渔民是用火把来吸引鱼类的。
鱼身上为什么黏糊糊的，还要长鳞片呢？连我一二抓起来都费劲。
啊，一二，你的手怎么了？
鱼的皮肤上有一种黏液细胞，这种细胞很小，用显微镜才能看到。不断分泌黏液的细胞能减少鱼体在水中的阻力，同时又能保护它不受寄生物、霉菌、细菌和其他微小生物的侵蚀。
这可是鱼的铠甲啊！鱼鳞可以起到保护身体的作用。当鱼在游动的时候，因为有鳞片的保护，即使碰到石块上的棱角也不会造成多大伤害。

有鲨鱼！

是一二伤口的血腥味把鲨鱼引过来的吗?
可能是。鲨鱼被称为海洋里的猎犬，它的嗅觉和听觉可比人类强多了。鲨鱼可以在一千米以外察觉到其他鱼类的存在，就算把人的血液稀释到百万分之一，鲨鱼也可以在数百米外闻到血腥味。
保持镇定，让我来想想办法。
鲨鱼好像在踱步，你们快看，它一直绕着船游来游去。
它是在测量船只大小，鲨鱼一般不会攻击比自己体形还大的对象，这表明我们还有时间。
欧欧，你又在干什么?
我在努力把船划走啊，这样我们不就安全了!
鲨鱼深度近视，你击水它会以为前面是个又大又有威胁性的敌人，你只会更危险的!
现在已经来不及了，鲨鱼要撞上来了!
嘭
啊，我们要被鲨鱼吃掉了!
我的发型泡水了!
柯北呢，柯北怎么不见了?
没事的，我在和鲨鱼玩。
什么?
这是一条鲸鲨，我们太幸运了!鲸鲨的个性很温和，而且它基本上是吃素的，对我们不感兴趣。它应该不是被血腥味引来的，只是正好出来觅食。
吃素的鲨鱼，这么神奇?
鲸鲨，又称豆腐鲨、大憨鲨，是须鲨目的一种，是目前世界上最大的鱼类。这种鲨鱼被认为大约出现在6000万年前，生活在热带和亚热带海域中，寿命大约有70年，在我国海域非常少见。
哇，鲸鲨好厉害，靠鳃吃饭啊!那它现在为什么和柯北玩呢?
它是需要柯北清理腹部的寄生生物。
这和鲸鲨的吃饭方式有关。它是一种滤食动物。滤食性动物就是以过滤方式摄食水中的浮游生物、巨大的藻类、磷虾与小乌贼之类的动物。你看鲸鲨的牙齿有什么特别吗?它的牙齿不像其他鲨鱼那么可怕。
没错，鲸鲨的牙齿不大，这是因为它不靠牙齿来吃饭。鲸鲨用鳃为滤网，通过水的吸入与吐出而滤取小型浮游生物。
它的身体上躲着一个懒汉。
哇，这条鱼长得真特别……

来不及了，这条鱼吸在我手上了！它为什么会有吸盘？这太奇怪了！
这其实是它的背鳍。
欧欧小心！
长着这种奇怪的背鳍有什么用呢？
好处可多了，它本身的游动能力很差，但是，有了这个吸盘，当它想要远游旅行的时候，它们就可以吸附在鲨鱼、鲸鱼、海豚或者海龟的身上，自己不出一点力，就可以到达饵料丰富的地方。
就连以凶猛著称的鲨鱼都拿它没脾气，甘愿当它的交通工具。
柯北，你快帮帮我！
这种鱼叫鲫鱼，别名吸盘鱼，你就知道它的吸盘有多厉害了。它甚至能贴在船底上，你无论怎么抖动身体，它都不会有反应的。要拉下它，需要几十千克的力量才行！
鲫鱼的头上长着一块印章，而且，它号称是世界上最懒惰的鱼，这是因为它的第一背鳍变异成一个椭圆而扁平的吸盘，上面有规则地排列着22~25对软质骨板，这些骨板可以自由地竖起或者放下，周围是一圈富有弹性的皮膜。当鲫鱼遇见大鱼的时候，软质骨板就会竖起，挤出吸盘中的海水，皮膜随即吸附上，使整个吸盘形成许多的真空小室，外部空气和水的压力就能使它牢牢地吸附在附着物上了。它不但有大鱼的“保护”，更可毫不费力地周游世界，所以还有人叫它“天生的免费旅行家”。
为什么这个小小的吸盘那么厉害啊？
虽然鲫鱼是个懒汉，不过它也有对人类有用的地方。
它有什么用啊？
它能帮着渔民抓大鱼啊。
渔民在鲫鱼的尾巴上绑上绳子，当鲫鱼遇到其他鱼类的时候，就会飞快游过去把它吸住，渔民只要迅速收起绳子就可以了。
瞄目标
鲫鱼是个大懒汉，可是鲸鲨就非常勤劳。
我知道，见风之前说过鲨鱼没有鱼鳔，所以一直要不停地游泳。
那为什么鲨鱼没有鱼鳔呢？
因为鲨鱼是软骨鱼。硬骨鱼的鱼头两边各有一片鳃盖，鱼就可以靠着鳃盖和嘴巴的活动，把水压入鳃腔里，利用鳃上的毛细管进行呼吸。鲨鱼没有鳃盖……
没有鳃盖，那鲨鱼怎么呼吸？
别担心，鲨鱼虽然没有鳃盖，但是在头的后面有5~7个鳃裂，鲨鱼的鳃就在这里面。它上面也有很多微血管，直接从水中吸收氧气，放出二氧化碳。
这很简单，因为鲨鱼没有抽水的器官，只有不停地游泳，鳃裂才能不断接近含有大量氧气的新鲜海水，才能不断地完成呼吸动作。

哇，又有几条鲨鱼来了，我们也可以与它们一起玩吗？
哇，这种鲨鱼长得很特别，它的脑袋很像一个“T”字形的大铁锤啊！
那是双髻鲨，也叫锤头鲨，别看它样子长得好玩，它可是会吃人的。趁着鲸鲨和它还在打量对方，你们还不快逃命，赶紧游到船上去！
不好了，一二的纱布掉了！
只差一点点了，我来拉你！
救命啊！
没事了，现在我们大家都在船上了。鲨鱼只要发现这艘船体积比它大，就不会贸然进攻了。
这次我们可要吸取教训保持安静了，都不要动，等鲨鱼自己离开就好了。
终于上来了，好险！
别担心，鲸鲨虽然脾气好，被称为豆腐鲨、大憨鲨，可是它是世界上最大的鲨鱼。
那鲸鲨怎么办？
那它也是世界上最大的鱼类了？

没错，鲸鲨是世界上最大的鱼类，我们眼前这条长度应该在10米左右……
那么长啊!
这样有什么好处呢?
它真的会吃人吗?
双髻鲨的两眼之间相距1米，它只要来回摇摆脑袋，就可以看到周围360度范围内发生的情况。
双髻鲨很凶的，它们会对人进行袭击。
这条还不是最大的，最大的能长到20米，体重有10到15吨。
双髻鲨的体形比起鲸鲨来就显得很娇小了，最大的可以长达3.5米，体重150千克左右……
这说明你应该减肥了。
哇，我比双髻鲨还重!
那怎么可能？海上又不是总能见到人，它们平时主要吃中小型鱼类和无脊椎动物。
它平时都是靠吃人来填饱肚子吗?
如果人类不向它挑衅，双髻鲨是不会伤人的。
它们都是成群结队一起出现的吗?
没错，双髻鲨是一种迁徙性鱼类。夏天，它们会游到温带海域避暑。冬天，它们游到热带海域过冬。结群可便于它们择偶和交配，另外也是为了保护幼鱼。
你看它的头部有什么特别?
看上去很像古代妇女头发卷成的发髻，所以它才叫双髻鲨。
照我看更像“T”字。
我看像“丁”字。
你们别吵了，像“T”字、像“丁”字都没有错，双髻鲨的别名就叫“丁字鲨”，它的额骨向左右两侧突出，眼睛就位于额骨突出的两端。
这次是我们疏忽了，柯北，你要教教大家碰到鲨鱼应该怎么办了。
船上的食物或垃圾不能随便丢，就算要丢，也要等到晚上再丢。鲨鱼靠近船身的时候，要保持安静，更加不可以把手或者脚泡在海水里。
看，鲨鱼慢慢游远了，我们安全了!
每当季节更替的时候，大群的双髻鲨会组成浩浩荡荡的迁徙队伍，做一次长途旅行。这可是海洋里的奇观，我们赶上了还是很幸运的。
太好了！我们可以回家啦!

图书在版编目（CIP）数据

绝境大冒险 / 少儿期刊中心科普编辑部编.
-- 青岛:青岛出版社, 2016.1
ISBN 978-7-5552-3430-2

Ⅰ. ①绝… Ⅱ. ①少… Ⅲ. ①自然地理 - 世界 - 少儿读物
Ⅳ. ①P941-49

中国版本图书馆CIP数据核字(2016)第018194号

书　　名	绝境大冒险
编　　者	少儿期刊中心科普编辑部
出版发行	青岛出版社
社　　址	青岛市海尔路182号（266061）
本社网址	http://www.qdpub.com
邮购电话	0532 - 68068738
策　　划	连建军　黄东明
责任编辑	江　冲
装帧设计	徐梦函
印　　刷	青岛国彩印刷有限公司
出版日期	2018年4月第1版　2019年5月第2次印刷
开　　本	16开（850mm × 1092mm)
印　　张	4.5
字　　数	60千
书　　号	ISBN 978-7-5552-3430-2
定　　价	25.80元

编校质量、盗版监督服务电话　400—653—2017　(0532)68068638